现代学徒制工程测量技术专业教材

数字化测图技术

主　编　翁丰惠　邹远胜
副主编　李　建　黄　微　张炳生

中国水利水电出版社
www.waterpub.com.cn
·北京·

内 容 提 要

本书按照高等职业技术院校的教学要求，以培养学生技术应用能力为主，贴近生产实际，并与测绘生产单位合作编写而成，是广东水利电力职业技术学院数字化测图技术教学改革配套教材。全书主要内容包括：数字化测图基本知识、数字化测图的准备工作、大比例尺数字测图外业、大比例尺数字测图内业、成果质量检查与技术总结、数字地形图的应用等内容。

本书可作为高职高专院校工程测量技术专业及相关专业的教材，并可供从事测绘工作的技术人员学习参考。

图书在版编目（CIP）数据

数字化测图技术 / 翁丰惠，邹远胜主编. -- 北京 : 中国水利水电出版社，2020.8（2023.2重印）
现代学徒制工程测量技术专业教材
ISBN 978-7-5170-8713-7

Ⅰ. ①数… Ⅱ. ①翁… ②邹… Ⅲ. ①数字化测图－高等职业教育－教材 Ⅳ. ①P231.5

中国版本图书馆CIP数据核字(2020)第131891号

书　　名	现代学徒制工程测量技术专业教材 **数字化测图技术** SHUZIHUA CETU JISHU
作　　者	主　编　翁丰惠　邹远胜 副主编　李　建　黄　微　张炳生
出版发行	中国水利水电出版社 （北京市海淀区玉渊潭南路 1 号 D 座　100038） 网址：www.waterpub.com.cn E-mail：sales@mwr.gov.cn 电话：（010）68545888（营销中心）
经　　售	北京科水图书销售有限公司 电话：（010）68545874、63202643 全国各地新华书店和相关出版物销售网点
排　　版	中国水利水电出版社微机排版中心
印　　刷	清淞永业（天津）印刷有限公司
规　　格	184mm×260mm　16 开本　10 印张　243 千字
版　　次	2020 年 8 月第 1 版　2023 年 2 月第 3 次印刷
印　　数	3501—6500 册
定　　价	**35.00** 元

前言

随着近年来校企合作的不断深入，学校的招生和人才培养形式多样。现代学徒制作为产教融合的有效实现形式，是培养企业所需技术技能人才的重要模式。工程测量技术专业作为教育部第三批试点专业，在双主体育人机制、招生招工、人才培养标准、师资队伍建设等方面，与合作企业进行了积极的探索实践，取得了一定的成效。

“数字化测图技术”是工程测量技术专业的核心课程之一。按照专业培养方案，“数字化测图技术”课程的教学目标是熟悉数字化测图的作业模式、作业基本过程，掌握测图仪器的使用、检验，熟练使用数字化成图软件；能够独立完成数字化测图的数据采集、数据传输、数据处理、图形编辑与整饰、成果的输出，并且能够正确分析和评价成果质量，正确处理各种常见问题。

目前有关数字化测图的教材很多，各有特色。它们各有不少优点，但也或多或少地存在着一些问题。其中，有的教材理论方面涉及较多，实践内容偏少；有的内容涉及过于广泛；还有的没有参照现行的规范，对数字化测图的整体流程缺少说明。本书编写前充分调研测绘生产单位对高职高专院校毕业生的具体要求，并和广东中冶地理信息股份有限公司的测量工程师们共同制定了编写大纲。大纲要求紧密结合高职高专人才培养目标，以培养学生技能、提高学生从业综合素质和能力为主，理论叙述力求深入浅出，通俗易懂；内容安排力求结合生产实践，并参照我国现行的数字测图相关规范，将理论分析与生产实践相结合。

本书编写的主要技术依据有《1∶500　1∶1000　1∶2000 外业数字测图技术规程》(GB/T 14912—2005)、《国家基本比例尺地形图图式 第 1 部分：1∶500　1∶1000　1∶2000 地形图图式》(GB/T 20257.1—2017)和《数字测绘成果质量检查与验收》(GB/T 18316—2008)等。鉴于各种技术标准、规范和应用软件随技术的发展和实践的推移而做修改、补充和变更的特点，本书中所列的各种指标和参数一般不能作为规范直接加以应用。

本书由广东水利电力职业技术学院的翁丰惠、黄微、李建、张炳生和广东中冶地理信息股份有限公司邹远胜共同编写。全书由翁丰惠和邹远胜共同统稿。

作者在编写过程中，参阅了大量的文献，引用了同类书刊的部分资料，在此，谨向有关作者表示谢意！特别感谢广州南方测绘科技股份有限公司为本书的编写提供的仪器设备及技术支持。

限于编者水平，在本书的编写过程中，虽然做了很大努力，但书中仍会存在错漏和不妥之处，承请广大读者批评指正（交流方式 E-mail：wengfh@gdsdxy.cn）。

编者

2020 年 3 月

目录

模块1　数字化测图基本知识

【模块概述】

随着电子技术和计算机技术的发展及其在测绘领域的广泛应用，20 世纪 80 年代产生了电子速测仪、电子数据终端，并逐步地构成了野外数据采集系统，将其与内业机助制图系统结合，形成了一套从野外数据采集到内业制图全过程数字化和半自动化的量测制图系统，人们通常称为数字化测图（简称数字测图）。广义的数字测图主要包括全野外数字测图（或地面数字测图、内外业一体化测图）、地图数字化成图、摄影测量和遥感数字测图。狭义的数字测图指全野外数字测图。本书主要介绍全野外数字测图技术。

【学习目标】

1. 知识目标

（1）了解数字化测图的发展历史和趋势。

（2）掌握数字化测图作业模式及作业流程。

2. 技能目标

（1）能熟练操作全站仪。

（2）初步认识测图软件的基本功能。

3. 态度目标

（1）具有爱岗敬业的职业精神。

（2）具有良好的职业道德和团结协作能力。

（3）遵守操作规程、具备安全生产防护意识，保护自身人身安全及设备安全。

任务1　数字化测图概况

1　传统地图与数字地图

1.1　传统地图

绘图作为最古老的一种描述地表现象的方式，能抽象地反映人们所见到的地形景观。与早期用半符号、半写景的方法来表示和描述地形的地图相比，现代地图是按照一定的数学法则，运用符号系统概括地将地面上的各种自然和社会现象表示在平面上。因此现代地图具有早期地图无法比拟的优点，即现代地图具有可量测性。

传统的图解法测图是利用测量仪器对地球表面局部区域内各种地物、地貌特征点的空间位置进行测定，并以一定的比例尺按图示符号将其绘制在图纸上。在测图过程中，地图的精度由于刺点、绘图及图纸伸缩变形等因素的影响会有较大的降低，而且工序多、劳动强度大、专业素质要求高、质量管理难。特别是在当今的信息时代，纸质地形图已难以承载更多的图形信息，图纸更新也极为不便，难以适应信息时代经济建设的需要。

1.2　数字地图

电子技术、计算机技术、通信技术的迅猛发展，使人类进入了一个全新的时代——信息时代。而数字化测图技术是实现信息采集、存储、处理、传输和再现的关键。数字化技术也对测绘科学产生了深刻的影响，改变了传统地图的生产工艺和流程，甚至使地图制图领域发生了革命性的变化，从而产生了地图产品的一个全新品种——数字地图。

数字地图就是以数字形式存储全部地形信息的地图，它是用数字形式描述地形要素的属性、定位和关系信息的数据集合，是存储在具有直接存取性能介质上的关联数据文件。

与数字地图关系密切的另一个地图品种是电子地图。电子地图是将绘制地形图的全部信息存储在设计好的数据库中，经绘图软件处理，通常用于互联网发布或者在电脑终端、移动终端展示。可以说数字地图是电子地图的基础，电子地图是经视觉化处理后的数字地图。

数字地图与传统纸质地图相比较有以下特点：①数字地图的载体不是纸张而是计算机存储介质；②数字地图不像纸质地图那样以线划、颜色、符号、注记来表示地物类别和形状，而是以一定的计算机可识别的数学编码反映地表各类地理属性特征；③数字地图没有比例尺的限定，显示地图内容的详略程度可以随意调控，内容可以分块分层显示，而纸质地图是固定不变的；④数字地图的内容可以按现实变化情况随时修改更新，并且能把图形、图像、声音和文字结合在一起，而纸质地图则不能；⑤数字地图的使用必须借助计算机及其配套的外部设备，而纸质地图则不需要。

数字测图是通过采集有关的绘图信息并及时记录在数据终端（或直接传输给便携机），然后在室内通过数据接口将采集的数据传输给计算机，并由计算机对数据进行处理，再经过人机交互的屏幕编辑形成绘图数据文件，最终由磁盘、光盘和硬盘等储存介质保存为数字地图。电子数据文件可以输出至绘图仪形成纸质地图。数字测图生产成品虽然仍然以提供图解地形图为主，但是它以数字形式保存着地形模型及地理信息。

随着科学技术的进步和计算机技术的迅猛发展及其向各个领域的渗透，以及电子全站仪和GPS-RTK等先进测量仪器和技术的广泛应用，数字测图技术得到了突飞猛进的发展，并以高自动化、全数字化、高精度的显著优势取代了传统的手工图解法测图。

2　数字测图的发展与展望

2.1　发展过程

在我国，从1983年开始，当时的北京测绘院、解放军测绘学院、武汉测绘科技大学和清华大学等数十个单位相继开展了数字测图研究工作。综观国际、国内野外数字测图技术，其发展的过程大体可分为两个阶段。

（1）第一阶段数字测记模式。限于当时全站仪的普及程度和计算机技术的发展水平，数字测图采取内外业独立作业的模式。先用全站仪实地测定地形数据，并用电子手簿进行记录，同时配合以人工绘制的草图用来记录点号、点与点之间的相关位置和点与点之间的连接关系，再到室内将测量数据由电子手簿传输到计算机，并由人工按草图输入和编辑生成图形文件，经计算机进行数据处理后，生成数字地图，最后由绘图仪绘图输出地形图。在这一时期，由于全站仪的价格昂贵，应用还很不普及，有些研究单位甚至还采用了光学经纬仪、测距仪和PC-1500袖珍计算机作为野外采集数据的设备。野外采集的数据虽可自动记录，但仍模仿手工测图的单点记录方式，对草图绘制的准确性也有较高要求，同时还须人工输入和编辑图形文件，整体工作量甚至比人工测图还大，工序也更为复杂和烦琐。尽管如此，野外直接测制数字地形图同时绘制纸质地形图的目标还是达到了，实践也证明了野外数字测图的技术途径是可行的，人们由此看到了数字测图的美好前景。到了20世纪80年代中、后期，随着计算机软硬件技术的发展，数字测图的软件在性能上有了明显的提高。利用野外数据采集软件，不仅可以对单点点位进行自动记录，还可记录绘图所需的其他信息，并且一些记录项可由软件自动缺省记录，使得必须由作业人员输入的数据大为减少。电子手簿中的测量数据传输到计算机后，可由计算机自动生成图形文件，人工绘制草图的必要性和对草图准确性的要求也降低了。另外，为了在野外及时发现和纠正错测及漏测现象，有些单位还在野外数据采集设备中配置了袖珍绘图仪，由PC-1500袖珍计算机控制在测站上实时绘制具有一定精度的地形图。应该说，这些方法和措施使得数字测图技术有了实质性的进展。这一时期具有代表性的内外业独立作业模式的数字测图软件主要有美国的Geomap、英国的Penmap以及我国北京测绘院研制的大比例尺机助测图系统（DJHT）和解放军测绘学院研制的数字地形测量系统等。

（2）第二阶段电子平板测绘模式。从20世纪90年代开始，便携式计算机的应用逐步得到普及，这给数字测图技术提供了发展机遇，国内外数字测图技术的研究人员敏锐地抓住这一机遇，将便携机及时地应用到数字测图中，形成了由全站仪、便携机和测图软件组成的数字测图系统，为数字测图内外业一体化创造了条件。内外业一体化的数字测图模式有效地克服了前一阶段内外业独立作业模式的缺点，实现了现场实时成图，地形要素误测和漏测现象得以有效避免，从而保证了测量成果的正确性。由于这一数字测图模式在自动成图的基础上同时也体现了传统平板仪测图现场成图的特点，因此人们习惯上将这种数字测图系统称为电子平板。电子平板测图软件不仅有全站仪通信和数据记录的功能，而且在测量方法、数据处理和图形实时编辑方面有了突破性的进展，完全取代了图板、图纸、铅笔、橡皮、三角板和复比例尺等平板仪测图绘图工具。高分辨率的显示屏可清晰准确地显示图形，实现了“所显即所测”。数字测图的成果质量和作业效率全面超过了传统手工测图，使数字测图技术走向了实用化，数字测图系统实现了商品化。1993年以后，内外业一体化的数字测图系统相继问世。具有代表性的产品主要有清华大学的EPSW系统、南方测绘仪器公司的CASS系统和广州开思公司的SCS成图系统等。同一时期，瑞士徕卡（Leica）、日本杰科（JEC）等公司也都推出了类似的数字测图系统。电子平板已成为数字测图系统发展的主流。

在数字测图系统的发展过程中，日本杰科公司和我国广州开思公司还对野外测图方式进行了改进，把便携机放在棱镜站，通过在测站与棱镜站之间建立无线数据传输的方法，将全站仪的测量数据传输到便携机中。这种方法突破了便携机随全站仪放在测站的固有模式，由作图人员亲自判定所测点的属性和点与点之间的连接关系，大大减少了漏测、错测以及漏绘、错绘的可能性。

2.2　发展趋势

数字测图技术的发展主要取决于数据采集和与之相应的数据处理方法的发展。今后数字测图系统的发展趋势主要体现在以下两个方面。

（1）全站仪自动跟踪测量模式。普通的全站仪在进行点位测量时，测站上仍要依靠作业员来完成目标寻找和照准。随着科学技术的发展，瑞士捷创力（Geotronic）、日本拓普康（Topocon）等公司推出了自动跟踪全站仪，瑞士徕卡公司推出了遥控测量。利用自动跟踪全站仪，可以实现测站无人操作，测量的数据由测站自动无线传输到位于棱镜站的便携机中，这样就可减少野外数字测图人员的数量。从理论上讲，按照这种全站仪自动跟踪测量方法，可以实现单人数字测图。尽管目前这种仪器价格昂贵，还仅适用于特定的应用场合，但随着科学技术的不断发展，它必将在数字测图中得到广泛的应用。

（2）GPS 测量模式。利用全站仪来进行点位测量必须要求测站和待测点之间通视，从这个意义上讲，其在测量方式上与传统方法并没有本质区别，这在很大程度上影响了野外数据采集的作业效率。随着 GPS 技术的发展，利用 RTK 实时动态定位技术能够实时提供待测点的三维坐标，在测程几十千米以内可达厘米级的测量精度。目前，高精度、轻小型的 GPS 接收机将对野外数字测图系统的发展起到积极的推动作用。可以预见，利用 GPS 作为数据采集手段的数字测图系统将会得到进一步发展，并将因其较高的作业效率受到了广大用户的青睐。

任务2　数字测图系统

数字测图系统是利用计算机技术将野外数据采集系统与内业机助制图系统相结合，对地形空间数据进行数据采集、数据处理及数据输出的系统。它包括硬件和软件两个部分。

数字测图系统的硬件主要由全站仪、GPS（RTK）、全数字摄影测量工作站、计算机、绘图仪、扫描仪以及其他输入输出设备组成，如图 1.1 所示。

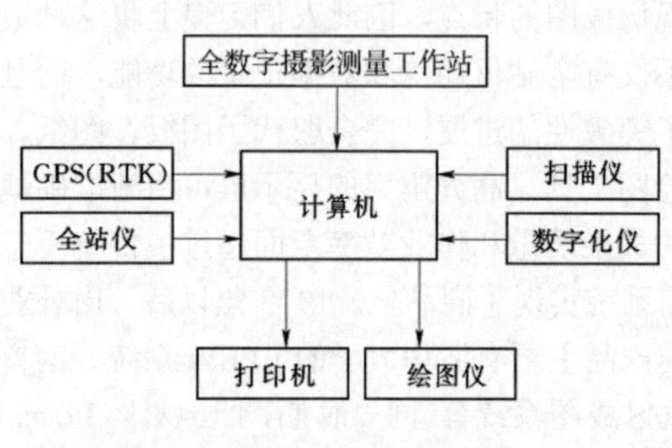

图 1.1　数字测图硬件系统示意图

数字测图的软件是数字测图系统的关键，一个功能完善的数字测图系统软件，应集数据采集、数据处理（包括图形数据的处理和属性数据以及其他数据格式的处理）、图形编辑与修改、成果输出与管理于一身，且通用性强、稳定性好，并提供与其他软件进行数据转换的接口。

1　数字测图系统硬件

1.1　计算机硬件

从 1946 年世界上第一台电子计算机诞生以来，计算机硬件发展已经经历了电子管、晶体管、中小规模集成电路、大规模和超大规模集成电路四个阶段。计算机硬件由中央处理器、存储器、输入设备、输出设备、总线等部件组成，每一部件分别按要求执行特定的基本功能。

1.1.1 中央处理器

中央处理器（CPU），也称为微处理器，由运算器和控制器组成。CPU 是计算机的核心，它由极其复杂的电子线路组成，是信息加工处理的中心部件，主要完成各种算术逻辑运算，并控制计算机各部件协调的工作。CPU 的运算速度和处理能力决定了计算机硬件的运算速度和处理能力。

1.1.2 存储器

按在计算机系统中的作用不同，存储器可分为：

（1）主存储器（内存）：用于存放正在运行的程序和数据，其特点是速度快，但容量较小，存储的信息在切断电源后会丢失。

（2）辅助存储器（外存储器）：主要用于存放当前不在运行的程序和数据资料，其速度相对内存较慢，但容量大，存储的信息不会因断电而丢失。

（3）缓冲存储器：主要在两个不同工作存取速度的部件之间起缓冲作用，以提高较慢的部件的存取效率。

1.1.3 外部设备

计算机的外部设备包括输入设备、输出设备、外部存储设备以及其他专用的外部设备。通常把输入设备和输出设备合称为 I/O 设备。

1.1.3.1 输入设备

常用的输入设备有键盘、鼠标、扫描仪等。

（1）键盘。键盘是计算机必备的输入设备。键盘由一组按键排成的开关阵列组成。按下一个键就产生一个相应的扫描码。目前，计算机上常用的键盘有 101 键、102 键、104 键几种。

（2）鼠标。鼠标现在已经成为计算机上普遍配置的输入设备，也是机辅成图系统中最常用的输入设备。鼠标分为光电式和机械式两类，现在多采用光电式。通常鼠标总是与键盘同时使用。鼠标可以用多种插头与主机连接。

（3）扫描仪。扫描仪的功能是把图像划分为成千上万个点，变成一个点阵图，然后给每个点编码，得到它们的灰度值或者色彩编码值。通过扫描仪可以把整幅的图形或文字材料，如图形（包括线划地形图）、图像（包括遥感和航测照片）、报刊或书籍上的文章等，快速地输入计算机，以栅格图形文件形式保存，通过专用的图形图像软件进行矢量化处理，将栅格数据转换为矢量数据，可供 CAD、GIS 等使用。扫描仪种类较多，目前应用的主要是电荷耦合传感器（CCD）阵列构成的光电式扫描仪。

1.1.3.2 输出设备

常见的输出设备包括显示器、数据投影器、打印机、绘图仪等。

（1）显示器。显示器是目前计算机上最常用的输出设备。计算机用显示器可按工作原理分为两种，一种是阴极射线管显示器（CRT），另外一种是以液晶材料制成的平板显示器。液晶显示器早期只用于便携机中，随着技术的不断发展，功能的不断完善，价格的不断降低，特别是它的耗电少、体积小、重量轻等优点，现在已经得到了广泛的应用。

（2）数据投影器。数据投影器（投影仪）是近年逐渐推广开来的一种重要的输出设备，它能连接在计算机的显示器输出端口上，把应该显示在显示器上的内容投射到大屏幕甚至一面墙壁上。目前的数据投影器可以达到像看计算机屏幕一样的良好投影效果。

（3）打印机。打印机可将输出信息以字符、图形、表格等形式印刷在纸上，是重要的输出设备。打印机的种类、品牌较多，常见的分类方法是以最后成像原理和技术来区分，可分为针式打印机、喷墨打印机、激光打印机和热转换打印机等。

（4）绘图仪。绘图仪与打印机不同，打印机是用来打印文字和简单图形的。要想精确地绘图，如绘制工程中的各种图纸，就不能用打印机，只能用专业的绘图设备——绘图仪。从原理上分类，绘图仪分为笔式、喷墨式、热敏式和静电式等；而从结构上分，又可以分为平台式和滚筒式两种。绘图仪所绘制的图也有单色和彩色两种，目前广泛使用的绘图仪是彩色喷墨绘图仪。

1.2　全站仪

全站仪即全站型电子速测仪，它是由电子测角、电子测距、电子计算和数据存储单元等组成的三维坐标测量系统，它能自动显示测量结果，并能与外围设备交换信息。近年来，全站仪的发展异常迅猛，以至于从某种意义上来说，改变了测量工作的作业习惯和方式，也拓展了测量技术的一些概念和手段，使全站仪的应用前景更加广阔。在数字测图中，全站仪是野外数据采集的重要仪器设备。

全站仪的发展经历了从组合式（即光电测距仪与光学经纬仪组合，或光电测距仪与电子经纬仪组合）到整体式（即将光电测距仪的光波发射接收系统的光轴和经纬仪的视准轴组合为同轴的整体式全站仪）两个阶段，如图 1.2（a）和图 1.2（b）所示。

20 世纪 90 年代以来，全站仪基本上向整体式方向发展。随着计算机技术的不断发展以及用户的特殊要求与其他工业技术的应用，全站仪进入了一个新的发展时期，出现了防水型、防爆型、电脑型等全站仪，一些型号的全站仪能自动跟踪和识别目标，自动完成测量工作，自动化程度高。这种全站仪称为测量机器人，如图 1.2（c）所示。

随着 GPS 技术和电子技术的不断发展，特别是体现现代测绘科技发展进步的 RTK 技术和 RTK 网络技术的发展，有的全站仪可以随时测定地球上任意一点在当地坐标系下的高斯平面坐标，这就是超站仪，如图 1.2（d）所示。它集合了全站仪测角功能、测距仪量距功能和 GPS 定位功能，是不受时间地域限制，不依靠控制网，无须设基准站，没有作业半径限制，单人单机即可完成全部测绘作业流程的一体化的测绘仪器。它主要由动态 PPP、测角测距系统集成，克服了目前国内外普通使用的全站仪、GPS、RTK 技术的众多缺陷。

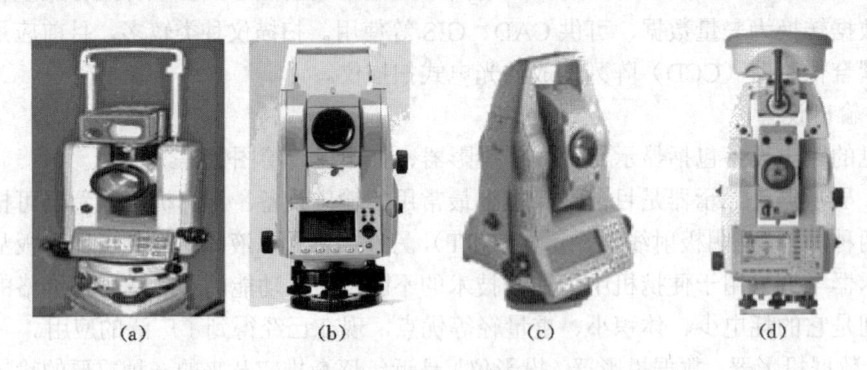

(a)　(b)　(c)　(d)

图 1.2　各类全站仪

（a）组合式全站仪；（b）整体式全站仪；（c）测量机器人；（d）超站仪

1.2.1 全站仪的基本组成

全站仪由电源部分、测角系统、测距系统、数据处理系统、通信接口及显示屏、键盘等组成，具有电子测距、电子测角、电子计算和数据存储系统等功能。与光学经纬仪相比，它本身就是一个带有特殊功能的微型计算机系统。从总体上来看，全站仪主要由电子测角系统、电子测距系统和控制系统三大部分组成。电子测角系统完成水平方向和垂直方向角度的测量，电子测距系统完成仪器到目标之间斜距的测量，控制系统负责测量过程控制、数据采集、误差补偿、数据计算、数据存储和通信传输等。

1.2.2 全站仪的分类

全站仪采用了光电扫描测角系统，其类型主要有编码盘测角系统、光栅盘测角系统及动态（光栅盘）测角系统等三种。

1.2.2.1 按外观结构分类

（1）组合型全站仪。早期的全站仪，大都是积木型结构，即电子速测仪、电子经纬仪、电子记录器各是一个整体，可以分离使用，也可以通过电缆或接口把它们组合起来，形成完整的全站仪。

（2）整体型全站仪。随着电子测距仪的进一步轻巧化，现代的全站仪大都把测距、测角和记录单元在光学、机械等方面设计成一个不可分割的整体,其中测距仪的发射轴、接收轴和望远镜的视准轴为同轴结构，这对保证较大垂直角条件下的距离测量精度非常有利。

1.2.2.2 按测量功能分类

（1）经典型全站仪。经典型全站仪也称为常规全站仪，它具备全站仪电子测角、电子测距和数据自动记录等基本功能，有的还可以由厂家或用户自主开发机载测量程序。其代表为徕卡公司的 TC 系列全站仪。

（2）机动型全站仪。在经典型全站仪的基础上安装轴系步进电机，可自动驱动全站仪照准部和望远镜的旋转。在计算机的在线控制下，机动型系列全站仪可按计算机给定的方向值自动照准目标，并可实现自动正、倒镜测量。徕卡 TCM 系列全站仪就是典型的机动型全站仪。

（3）无合作目标型全站仪。无合作目标型全站仪是指在无反射棱镜的条件下，可对一般的目标直接测距的全站仪。对不便安置反射棱镜的目标进行测量，无合作目标型全站仪具有明显优势。如徕卡 TCR 系列全站仪，无合作目标距离测程可达 200m，可广泛用于地籍测量、房产测量和施工测量等。

（4）智能型全站仪。在机动型全站仪的基础上，在仪器上安装自动目标识别与照准的新功能，全站仪进一步克服了需要人工照准目标的重大缺陷，实现了全站仪的智能化。在相关软件的控制下，智能型全站仪在无人干预的条件下可自动完成多个目标的识别、照准与测量，因此，智能型全站仪又称为“测量机器人”。典型的代表是徕卡的 TCA 型全站仪。

1.2.2.3 按测距仪测距分类

（1）短测程全站仪。测程小于 3km，一般精度为±（5mm+5ppm），主要用于普通测量和城市测量。

（2）中测程全站仪。测程为 3～15km,一般精度为±（5mm+2ppm），±（2mm+2ppm）

通常用于一般等级的控制测量。

（3）长测程全站仪。测程大于15km，一般精度为±（5mm+1ppm），通常用于国家三角网及特级导线的测量。

1.2.3　全站仪的测量

1.2.3.1　全站仪的角度测量

全站仪的测角是由仪器内集成的电子经纬仪完成的。电子经纬仪测角采用光电扫描度盘自动计数，自动处理数据，自动显示、存储和输出数据。光电扫描度盘一般分为两大类：一类是由一组排列在圆形玻璃上具有相邻的透明区域或不透明区域的同心圆上刻的编码所形成的编码度盘（图1.3）；另一类是由在度盘表面上一个圆环内刻有许多均匀分布的透明和不透明等宽度间隔辐射状栅线的光栅度盘（图1.4）。也有全站仪将上述两者结合起来，采用“编码与光栅相结合”的度盘进行测角。

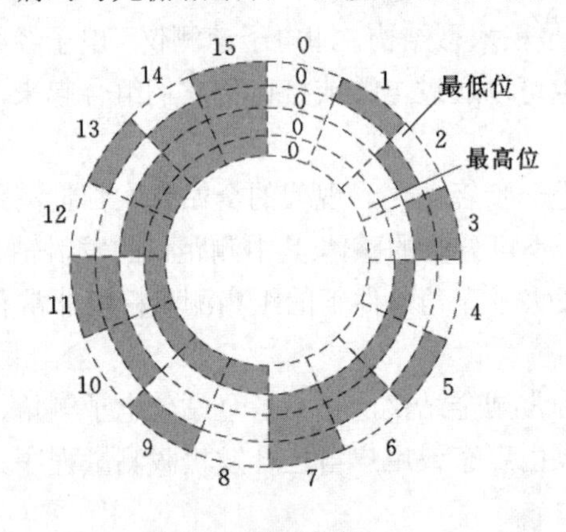

图1.3　编码度盘

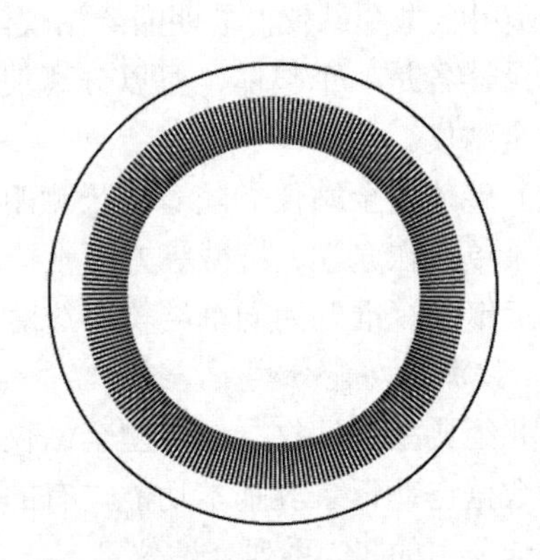

图1.4　光栅度盘

因此，电子经纬仪的测角系统主要有三类，即绝对式编码度盘测角系统、增量式光栅度盘测角系统以及动态式（编码、光栅度盘）测角系统。

在开始角度测量前务必做三项检查：

（1）全站仪准确地安置在测站点上。

（2）垂直和水平度盘指标已设置好。

（3）仪器参数已设置完成。

1.2.3.2　全站仪的距离测量

电子测距是以电磁波作为载波，传输光信号来测量距离的一种方法。它的基本原理是利用仪器发出的光波 C，通过测定出光波在测线两端点间往返传播的时间 t 来测量距离 D，有 $D=c \cdot t/2$（c 为光波在空气中的传播速度，c=299792458m/s）。根据测定时间的方式不同，电子测距又分为脉冲法测距、相位法测距和干涉法测距。脉冲法测距是直接测定光波传播的时间，由于这种方式受到脉冲的宽度和电子计数器时间分辨率的限制，所以测距精度不高，一般为1～5m。相位法测距是利用测相电路直接测定光波从起点出发经终点反射回到起点时因往返时间差引起的相位差来计算距离，该法测距精度较高，一般可达5～20mm。目前短程测距仪大都采用相位法计时测距。干涉法测距是利用波的干涉原理通过发射波和接收波的干涉实现距离测量。

1.2.4　全站仪的基本功能

（1）自检功能。接通电源后，全站仪自动进行自检，自检无误时自动进入基本测量状态（模式）。自检出故障时自动显示故障类型。

（2）自动调节光强功能。测距时信号返回后的强弱与通视条件、测程、天气条件及反射棱镜个数有关。全站仪内装有光强自动调节系统，随时调节信号大小，可控制接收信号在一定的强度范围，以减弱幅相误差，提高测量精度。

（3）单位换算功能。全站仪在使用时可根据需要用不同的单位显示，并能进行互换，以适用于不同的国家和地区。如公制（米制）、英制、美制之间的长度单位互换和角度的各种进制之间的数据换算，还有气压的毫米汞柱与毫巴的互换。

（4）预置功能。在测量前可对温度、气压、棱镜常数、仪器常数、倾斜补偿、测量模式等参数进行预置。

（5）运算功能。全站仪内部设有微处理器，可进行两已知点的方位角、平距、高差计算，也可用一个已知点和所测的水平角、平距进行未知点坐标计算。进行测量时根据观测的斜距、垂直角、水平角，可显示出平距、高差、坐标增量等数据。如果预置了气象参数、仪器常数，对测距结果将自动进行改正计算并显示。

（6）跟踪测量功能。当反射棱镜移动时，观测员可将仪器设置在跟踪测量状态，并始终找准棱镜，此时快速显示新的观测值，在施工放样中特别方便。

（7）电子手簿功能。各厂家对新型的全站仪都配有内设或外置的电子手簿。它可以完成数据的传输、存储，并可编程计算。此功能为野外采集数据的自动化、信息化奠定了基础。

（8）倾斜补偿功能。当全站仪的倾斜在 3′以内时自动进行单轴、双轴、三轴补偿（视全站仪机型而定）。

（9）内存软件功能。在机内固化多种应用程序软件，可用于三维坐标测量、导线测量、悬高测量、放样测量、方位角测量、对边测量、偏心测量等工作。

另外，还有红光导向、背光照明、十字丝照明、无线遥控、单向通信、空间数据传输、自编程序、自动寻找目标、蓝牙通信等功能，为用户提供了极大的方便，使内外业的测量工作一体化。

1.2.5　全站仪操作的注意事项

全站仪集光、电部件于一身。为保证全站仪的正常工作，延长其使用寿命，在操作使用全站仪时应注意以下几点。

（1）开工前应检查仪器箱背带及提手是否牢固。

（2）开箱后提取仪器前，要看准仪器在箱内放置的方式和位置；装卸仪器时，必须握住提手；将仪器从仪器箱取出或装入仪器箱时，应握住仪器提手和底座，不可握住显示单元的下部，切不可拿仪器的镜筒，否则会影响内部固定部件，从而降低仪器的精度。应握住仪器的基座部分，或双手握住望远镜支架的下部。仪器用毕，先盖上物镜罩，并擦去表面的灰尘。装箱时各部位要放置妥帖，合上箱盖时应无障碍。

（3）在太阳光照射下观测仪器，应给仪器打伞，并戴上遮阳罩，以免影响观测精度。在杂乱环境下测量时，仪器要有专人守护。当仪器架设在光滑的表面时，要用细绳（或细铅丝）将三脚架三个脚连起来，以防滑倒。

（4）将仪器架设在三脚架上时，尽可能用木制三脚架，因为使用金属三脚架可能会产生振动，从而影响测量精度。

（5）当测站之间距离较远，搬站时应将仪器卸下，装箱后背着走。行走前要检查仪器箱是否锁好、安全带是否系好。当测站之间距离较近，搬站时可将仪器连同三脚架一起靠在肩上，但仪器要尽量保持直立放置。

（6）搬站之前，应检查仪器与脚架的连接是否牢固；搬运时，应把制动螺旋略微关住，使仪器在搬站过程中不致晃动。

（7）仪器任何部分发生故障，均不应勉强使用，应立即检修，否则会加剧仪器的损坏程度。

（8）光学元件应保持清洁，如沾染灰沙必须用毛刷或柔软的擦镜纸擦掉。禁止用手指抚摸仪器的任何光学元件表面。清洁仪器透镜表面时，应先用干净的毛刷扫去灰尘，再用干净的无线棉布蘸酒精由透镜中心向外一圈圈地轻轻擦拭。除去仪器箱上的灰尘时切不可使用任何稀释剂或汽油，而应用干净的布块蘸中性洗涤剂擦洗。

（9）在潮湿环境中工作，作业结束，要用软布擦干仪器表面的水分及灰尘后装箱。回到办公室后立即开箱取出仪器放于干燥处，彻底晾干后再装入箱内。

（10）冬天室内、室外温差较大时，仪器搬出室外或搬入室内，应隔一段时间后才能开箱。

1.3　GPS（RTK）

GPS 定位技术是 20 世纪 50 年代开始迅速发展起来的利用卫星进行导航定位的技术，在国内外获得了日益广泛的应用。随着全球定位系统的不断改进，硬件、软件的不断完善，GPS 应用领域正在不断开拓、扩展。

1.3.1　RTK 定位技术简介

RTK（real - time kinematic）实时动态差分法是一种新的常用的 GPS 测量方法。以前的静态、快速静态、动态测量都需要事后进行解算才能获得厘米级的精度，而 RTK 是能够在野外实时得到厘米级定位精度的测量方法。它采用了载波相位动态实时差分方法，是 GPS 应用的里程碑。它的出现为工程放样、地形测图等各种控制测量带来了新曙光，极大地提高了外业作业效率。

高精度的 GPS 测量必须采用载波相位观测值，RTK 定位技术就是基于载波相位观测值的实时动态定位技术，它能够实时地提供测站点在指定坐标系中的三维定位结果，并达到厘米级精度。在 RTK 作业模式下，基准站通过数据链将其观测值和测站坐标信息一起传送给流动站。流动站不仅通过数据链接收来自基准站的数据，还要采集 GPS 观测数据，在系统内组成差分观测值并对其进行实时处理，同时给出厘米级定位结果，历时不足 1s。流动站可处于静止状态，也可处于运动状态；可在固定点上先进行初始化后再进入动态作业，也可在动态条件下直接开机，并在动态环境下完成周模糊度的搜索求解。在整周末知数解固定后，即可进行每个历元的实时处理，只要能保持 4 颗以上卫星相位观测值的跟踪和必要的几何图形，流动站则可随时给出厘米级定位结果。

随着科学技术的不断发展，RTK 技术已由传统的一台基准站加一台或几台流动站的模式发展到了广域差分系统 WADGPS，有些城市建立起 CORS 系统，这就大大提高了 RTK 的测量范围。当然在数据传输方面也有了长足的进展，由原先的电台传输发展到现在的 GPRS 和 GSM 网络传输，大大提高了数据的传输效率和范围。在仪器方面，现在的仪器不仅精度高而且比传统的 RTK 更简洁，更容易操作。

1.3.2 RTK 在数字测图中的应用

过去测地形图时，一般首先要在测区建立图根控制点，然后在图根控制点上架上全站仪或经纬仪配合小平板测图，现在发展到外业用全站仪和电子手簿配合地物编码，利用大比例尺测图软件来进行测图，甚至于发展到最近的外业电子平板测图等，都要求在测站上测四周的地貌等碎部点。这些碎部点都与测站通视，而且一般要求至少 2～3 人操作，需要再拼图时，一旦精度不合要求还得到外业去返测。现在采用 RTK 时，仅需一人背着仪器在待测的地貌碎部点呆上一两秒，并同时输入特征编码，通过手簿可以实时知道点位精度，把一个区域测完后回到室内，由专业的软件接口就可以输出所要求的地形图。这样用 RTK 仅需一人操作，不要求点间通视，大大提高了工作效率。采用 RTK 配合电子手簿可以测设各种地形图，如普通测图、铁路线路等带状地形图、公路管线地形图，配合测深仪还可以用于测水库地形图、航海海洋测图等。

2 数字测图系统软件

数字测图系统的软件包括系统软件和应用软件。目前，国内测绘行业使用的测绘软件主要有：广州南方测绘仪器公司开发的 CASS 地形地籍成图系统、北京清华山维新技术开发有限公司开发的 EPSW 电子平板全息测绘系统、武汉瑞得信息工程有限公司开发的 RDMS 数字化测图系统等。本书主要介绍 CASS9.0 软件。

2.1 计算机系统软件

计算机系统软件是指管理、控制和维护计算机及其外部设备，提供用户与计算机之间界面等方面的软件。

系统软件包括操作系统和操作计算机所需的其他软件。操作系统是系统软件的核心，是所有计算机必须配置的基本软件，是计算机系统本身能有效工作的必备软件，所以称为系统软件。当计算机配置了操作系统后，用户不再直接对计算机硬件进行操作，可以不必了解计算机的内部结构、工作原理及其指令系统，而是利用操作系统所提供的命令和其他方面的服务去操作计算机。因此，操作系统是用户操作和使用计算机强有力的工具，或者说是用户与计算机之间的接口。

2.2 CASS 软件

南方 CASS 地形地籍成图软件是基于 AutoCAD 平台开发的 GIS 前端数据采集系统，主要应用于地形成图、地籍成图、工程测量三大领域。它全面面向 GIS，使用骨架线实时编辑、简码用户化、GIS 无缝接口等先进技术，彻底打通了数字化成图系统与 GIS 的接口。自 CASS 软件推出以来，它在我国大部分地区已经成为主流成图软件。

CASS9.0 以 AutoCAD 为平台，支持 AutoCAD2006—2011 版本，支持最新《基础地理信息数据字典》和《基础地理信息要素分类与代码》。CASS9.0 的操作界面主要分为顶部菜单面板、右侧屏幕菜单和工具条、属性面板，如图 1.5 所示。每个菜单项均以对话框或命令行提示的方式与用户交互应答，操作灵活方便。

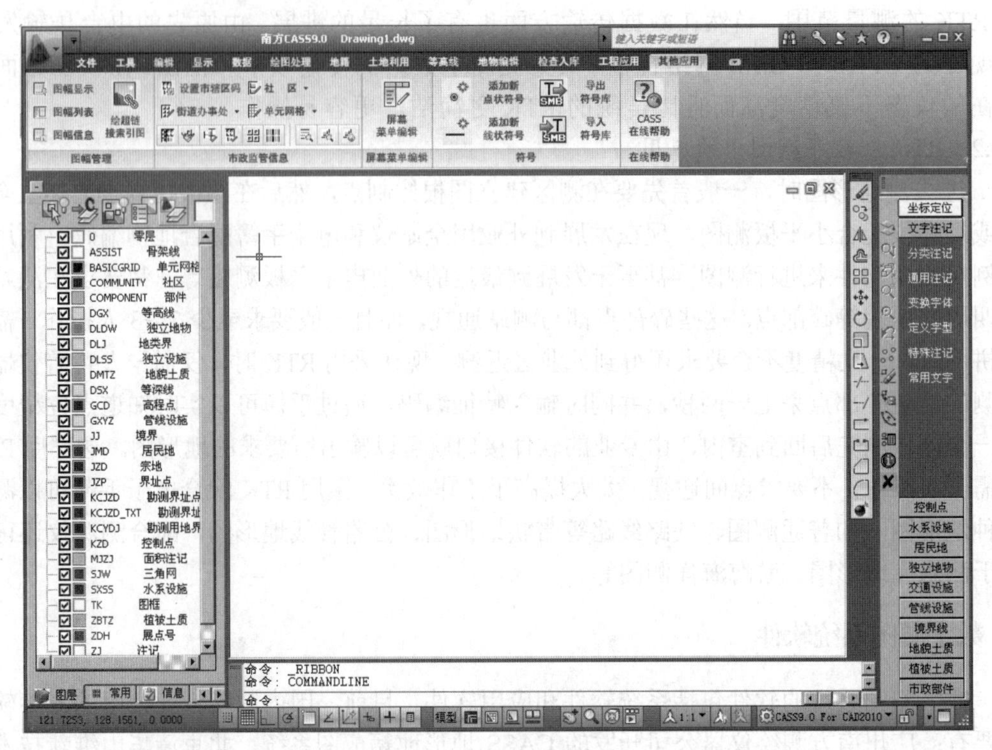

图 1.5　CASS9.0 界面

任务 3　数字测图的基本过程

数字测图的作业过程依据使用的设备和软件、数据源及图形输出目的的不同有所区别，但无论是测绘地形图，还是制作繁多的专题图、行业管理用图，只要是采用数字测图，都必须包括数据采集、数据处理和图形输出三个基本过程。

1　数据采集

一般来说，地形图、航空航天遥感像片、图形数据或影像数据、统计资料、野外测量数据或地理调查资料等都可以作为数字测图的信息源，这些数据资料可以通过键盘或转存的方式输入计算机，而一些图形和图像资料则要通过图数转换变成计算机能够识别和处理的数据后才可以使用。

目前我国数据采集主要有以下的几种方法。

（1）GPS 法，即通过 GPS 接收机采集野外碎部点的信息数据。

（2）大地测量仪器法，即通过全站仪、测距仪、经纬仪等大地测量仪器实现碎部点野外数据采集。

（3）航测法，即通过航空摄影测量和遥感手段采集地形点的信息数据。

（4）数字化仪法，即通过数字化仪在已有地图上采集信息数据。

前两者都是野外采集数据，后两者是室内采集数据。野外数据采集是通过全站仪或 GPS 接收机实地测定地形点的平面位置和高程，自动存储在仪器内存或电子手簿中，再传输到计算机。若野外使用便携机，可直接将点位信息存储在便携机中。得到的每个地形点的记录内容包括点号、平面坐标、高程、属性编码和与其他点的连接关系等。其中点号通常是按测量顺序自动生成的，也可以按需要由外业现场编辑；平面坐标和高程是全站仪或 GPS 接收机自动解算的；属性编码的作用在于指示该点的性质。目前野外通常只输入简码而不输入编码来表示属性信息，通过约定的符号表示连接关系，或者直接用绘草图的形式来记录连接关系和属性信息；内业则可用多种手段输入属性编码。点与点之间的连接关系工作方法通常采用绘草图或在便携机上边测边绘来确定。当前全站仪与 GPS 接收机的测量精度比较高，很容易达到厘米级，所以全野外数字测图（地面数字测图）已成为城镇大比例尺（尤其 1∶500）测图中主要的测图方法。

航测法以航空摄影获取的航空像片作为数据源，利用测区的航空摄影测量获得的立体像对，在解析绘图仪上或在经过改装的立体量测仪上采集地形特征点并自动转换成数字信息。由于受精度的限制，该法已逐渐被全数字摄影测量系统所取代。基于影像数字化仪、计算机、数字摄影测量软件和输出设备构成的数字摄影测量工作站是摄影测量、计算机立体视觉影像理解和图像识别等学科的综合成果，计算机不但能完成大多数摄影测量工作，而且能借助模式识别理论，实现自动或半自动识别，从而大大提高了摄影测量的自动化程度。全数字摄影测量系统作业过程大致为：利用立体观测系统观测立体模型（计算机视觉），再利用系统提供的一系列量测功能（扫描数据处理、测量数据管理、数字定向、立体显示、地物采集、自动提取 DTM、自动生产正射影像等）使量测过程自动化。

对于已有纸质地形图的地区，如纸质地形图现势性较好，图面表示清晰、正确，图纸变形小，数据采集则可在室内通过数字化仪和扫描仪，在相应地图数字化软件的支持下运行。早期采用数字化仪进行数字化，得到的数字地图精度低于原图，作业效率也低，这种数字化法现已被扫描数字化法所取代。扫描数字化法是先用扫描仪扫描得到栅格数据，再用扫描矢量化软件将栅格图形转换成矢量图形。扫描矢量化作业模式，不仅速度快（扫描一幅图不过几分钟）、劳动强度小，而且精度几乎没有损失。该方法已经成为地图数字化的主要方法，它适宜于各种比例尺地形图的数字化，对大批量、复杂度高的地形图更具有明显的优势。

2　数据处理

数据处理阶段是指在数据采集以后到图形输出之前对图形数据的各种处理。数据处理主要包括数据传输、数据预处理、数据转换、数据计算、图形生产、图形编辑与整饰、图幅接边、图形信息的管理与应用等。

（1）数据传输指将全站仪内存或电子手簿中的数据传输至计算机。

（2）数据预处理包括坐标变换、各种数据资料的匹配、比例尺的统一等。

（3）数据转换内容很多，如：将碎部点记录数据文件转换为坐标数据文件；带简码的数据文件或无码的数据文件转换为带绘图编码的数据文件，供自动绘图使用；将 AutoCAD 的图形数据文件转换为 GIS 的交换文件。

（4）数据计算主要是针对地貌关系。当数据输入到计算机后，为建立数字地面模型、绘制等高线，需要进行插值模型建立、插值计算、等高线光滑处理三个过程的工作。数据计算还包括对房屋类呈直角拐弯的地物进行误差调整，消除非直角化误差等。

数据处理通过计算机实现。经过数据处理后，可产生平面图形数据和数字地面模型文件。欲得到规范的地形图，就要对数据处理后生成的初始图形进行修改、编辑和整理，还需要加上文字注记、高程注记等，并填充各种面状地物符号，然后进行图形整饰、图幅接边、图形信息的管理等工作，所有这些工作都属于数据处理。

数据处理是数字测图的关键阶段，数字测图系统的优劣取决于数据处理功能的强弱。

3　图形输出

经过数据处理以后，即可得到数字地图，也就是形成一个图形文件。将其存储在磁盘或光盘上，可永久保存。根据不同的需要还可以将该数字地图转换成地理信息系统的图形数据，用于建立和更新 GIS 图形数据库；可以将数字地图打印输出成纸质地图。通过对层的控制，可以编制和输出各种专题地图（包括平面图、地籍图、地形图、管网图、带状图、规划图等），以满足不同用户的需要。也可采用矢量绘图仪、栅格绘图仪、图形显示器、缩微系统等绘制或显示数字地图。

任务 4　全野外数字测图作业模式

由于使用的硬件设备不同，软件设计者的思路不同，数字测图有不同的作业模式。就目前全野外数字测图而言，可区分为两种作业模式：数字测记模式（简称测记式）和电子平板测绘模式（简称电子平板）。

1　数字测记模式

数字测记模式是一种野外数据采集、室内成图的作业方法。根据野外数据采集硬件设备的不同，可将其进一步分为全站仪数字测记模式和 GPS-RTK 数字测记模式。

（1）全站仪数字测记模式是目前最常见的测记式数字测图作业模式，为大多数软件所支持。该模式是用全站仪实地测定地形点的三维坐标，并用内存储器（或电子手簿）自动记录观测数据，然后将采集的数据传输给计算机，由人工编辑成图或自动成图。采用全站仪测量时，由于测站和镜站的距离可能较远（1km 以上），测站上很难看到所测点编码（简码）输入的正确性，因此在镜站须手工绘制草图并记录测点属性、点号及其连接关系，供内业绘图使用。

（2）GPS-RTK 数字测记模式是采用 GPS 实时动态定位技术，实地测定地形点的三维坐标，并自动记录定位信息的作业模式。采集数据的同时，在移动站输入编码、绘制草图或记录绘图信息，供内业绘图使用。目前，移动站的设备已高度集成，接收机、天线、电池与对中杆集于一体，重量仅几千克，使用和携带方便。使用 GPS-RTK 采集数据的最大优势是不需要测站和碎部点之间通视，只要接收机与空中 GPS 卫星通视即可，且移动站与基准站的距离在 20km 以内可达厘米级的精度（如果采用网络传输数据则不受距离的限制）。

实践证明，在非居民区、地表植被较矮小或稀疏区域的地形测量中，用 GPS-RTK 比全站仪采集数据效率高。

2 电子平板测绘模式

电子平板测绘模式就是采用“全站仪+便携机+相应测绘软件”实施外业测图的作业模式。这种模式用便携机（笔记本电脑）的屏幕模拟测板在野外直接测图，即把全站仪测定的碎部点实时地展绘在便携机屏幕上，用软件的绘图功能边测边绘。这种模式在现场就可以完成绝大多数测图工作，实现数据采集、数据处理、图形编辑现场同步完成，外业“即测即所见”，外业工作完成了，图也就绘制出来了，实现了内外业一体化。但该作业模式存在对设备要求较高、便携机不适应野外作业环境（如供电时间短、光照强时液晶屏幕看不清等）等主要缺陷。目前主要用于房屋密集的城镇地区的测图工作。

电子平板测绘模式按照便携机所处位置，分为测站电子平板模式和镜站遥控电子平板模式。

（1）测站电子平板模式是将装有测图软件的便携机直接与全站仪连接，在测站上实时地展点，观察测站周围的地形，用软件的绘图功能边测边绘。这样可以及时发现并纠正测量错误，图形的数字精度高。不足之处是测站电子平板受视野所限，对碎部点的属性和碎部点点间的连接关系不易判断准确。

（2）镜站遥控电子平板模式是将便携机放在镜站，使手持便携机的作业员在跑点现场指挥立镜员跑点，并发出指令遥控驱动全站仪观测（自动跟踪或人工照准），观测结果通过无线信号传输到便携机，并在屏幕上自动展点。镜站遥控电子平板能够做到“走到、看到、绘到”，不易漏测，有利于提高成图质量。

针对目前电子平板测图模式的不足，许多公司研制开发掌上电子平板测图系统，用基于 Windows CE 的 PDA（掌上电脑）取代便携机。PDA 的优点是体积小、重量轻、待机时间长，它的出现，使电子平板作业模式更加方便、实用。

思 考 题 与 习 题

1. 什么是数字测图？它的主要特点是什么？
2. 计算机的输入、输出设备有哪些？
3. 在操作全站仪时应注意些什么？
4. 简述数字测图的基本成图过程。
5. 目前我国数据采集的方法主要有哪几种？
6. 数字测图的作业模式有几种？其各自的特点是什么？

模块 2　数字化测图的准备工作

【模块概述】

数字化测图工作受场地条件、资源配置的约束，同时技术要求高、技术方法复杂，因此合理组织、计划和安排好测图前的准备工作，对提高成果质量和工作效率都有着积极的意义。

【学习目标】

1. 知识目标

（1）理解数字化测图相关规范。

（2）了解技术设计的意义和主要内容。

2. 技能目标

（1）会查阅数字测图内、外业相关作业规范。

（2）能依据测量规范编写数字测图设计书。

3. 态度目标

（1）具有爱岗敬业的职业精神。

（2）具有良好的职业道德和团结协作能力。

（3）具有独立思考解决问题的能力。

任务 1　任　务　接　收

1　接受委托

作业单位正式开始实施一项任务前，一般均需要接受委托单位对项目任务要求的委托书，并依据委托书与委托单位签订项目合同，以确定项目具体的实施范围、工作内容、质量标准、工期要求、费用支付等，明确双方的责、权、利，并以此作为项目实施的核心依据。

2　需求分析

作业单位接受委托后，应详细分析项目需求，明确委托单位或社会对测绘成果明示的、通常隐含的或必须履行的需求或期望。

3　项目策划

在确定项目需求的基础上，作业单位应根据项目规模、特点和自有资源条件合理策划，以对整个项目实现过程进行控制。策划内容一般包括人员配置、项目阶段划分、总体技术方案、质量标准、技术方案评审、验证（必要时）和审批活动的安排、职责和权限的规定、各组织和生产流程及技术环节间的接口等。

任务2 技 术 设 计

测绘技术设计的目的是制定切实可行的技术方案，保证测绘成果符合技术标准并满足委托单位要求，并获得最佳的社会效益和经济效益。因此，作业前应进行技术设计。

1 技术设计依据

1.1 任务来源依据文件及任务要求

任务来源依据一般包括委托单位下达的技术要求文件及合同书，从任务来源依据中应获取到项目名称、项目编号、测量目的、测区范围、测量内容、工作量、任务主要要求、上交资料种类或清单以及工期要求等内容。

1.2 目前有关的标准和规范

《城市测量规范》（CJJ/T 8—2011）

《工程测量规范》（GB 50026—2007）

《1∶500 1∶1000 1∶2000 外业数字测图技术规程》（GB/T 14912—2017）

《国家基本比例尺地形图图式 第1部分：1∶500 1∶1000 1∶2000 地形图图式》（GB/T 20257.1—2017）（简称《国家图式》）

《数字地形图系列和基本要求》（GB/T 18315—2001）

《地籍测绘规范》（CH 5002—94）

《地籍图图式》（CH 5003—94）

《1∶500 1∶1000 1∶2000 地形图数字化规范》（GB/T 17160—2008）

《1∶500 1∶1000 1∶2000 数字地形测量规范》（DGJ 08—86—2000）

《1∶500 1∶1000 1∶2000 地形图航空摄影测量数字化测图规范》（GB/T 15967—2008）

《1∶500 1∶1000 1∶2000 地形图航空摄影测量内业规范》（GB/T 7930—2008）

《1∶500 1∶1000 1∶2000 地形图航空摄影规范》（GB/T 6962—2005）

《城市基础地理信息系统技术规范》（CJJ 100—2004）

《基础地理信息要素分类与代码》（GB/T 13923—2006）

《基础地理信息要素数据字典 第1部分：1∶500 1∶1000 1∶2000 基础地理信息要素数据字典》（GB/T 20258.1—2007）

《数字测绘成果质量检查与验收》（GB/T 18316—2008）

《测绘技术设计规定》（CH/T 1004—2005）

《测绘技术总结编写规定》（CH/T 1001—2005）

1.3 生产定额

财政部、国家测绘局于2009年2月5日颁布的《测绘生产成本费用定额》（财建〔2009〕17号），包括《测绘生产成本费用定额》《测绘生产成本费用定额计算细则》和《测绘生产困难类别细则》。

2　技术设计基本原则

技术设计文件是测绘生产的主要技术依据，也是影响测绘成果能否满足顾客要求和技术标准的关键。为了确保技术设计文件满足规定要求的适宜性、充分性和有效性，测绘技术的设计活动应按照策划、设计输入、评审、验证（必要时）、审批的程序进行。技术设计应遵照以下基本原则。

2.1　技术原则

（1）技术设计应依据设计输入内容，充分考虑顾客的要求，引用适用的国家、行业和地方的相关标准，重视社会效益和经济效益。

（2）技术设计方案应先考虑整体而后局部，且顾及发展；要根据作业区实际情况，考虑作业单位的资源条件（如人员的技术能力，软、硬件配置情况等），挖掘潜力，选择最适用的方案。

（3）积极采用适用的新技术、新方法和新工艺。

（4）认真分析和充分利用已有的测绘成果和资料；对于外业测量，必要时应进行实地勘察，编写勘察报告，并根据项目特点结合实地勘察情况进行技术设计。

2.2　经济原则

在明确技术要求的基础上，应充分结合项目特点、场地条件和资源配置，从人员配置、生产组织、成本控制和计量考核等方面入手，在确保工期和质量的前提下，尽量做到经济节省。

2.3　方案最优原则

技术方案的实现应遵循项目管理的基本理念，体现方案最优原则。方案中应明确项目管理的关键要素和三个核心定义（项目、项目经理、项目管理），重视项目管理过程（启动、计划、执行、控制和关闭），理清项目管理核心要素（质量、工期和成本）间的关系。

3　技术设计书的基本内容

技术设计人员必须具有相关的专业理论知识和生产实践经验，明确项目来源、项目特点、工作量、技术要求和设计原则，熟悉各项设计输入内容，认真了解、分析作业区的实际情况，并积极搜集类似设计内容执行的有关情况。技术设计时，技术设计人员必须充分了解、掌握本单位的资源条件（包括人员的技术能力，软、硬件装备情况）、生产能力、生产质量状况等基本情况，并善于听取各方意见，运用数字测图理论和方法制定合理的技术方案。

技术设计书是项目实施的技术依据，必须要求内容明确，文字简练，标准或规范的引用正确、有效；作业生产中容易混淆和忽视的问题，应重点描述；使用的名词、术语、公式、符号、代号和计量单位等应与有关法规和标准一致；设计书的幅面、封面格式和字体、字号应美观、整洁和统一。技术设计书一般包括如下具体内容。

3.1　概况

3.1.1　任务概述

说明项目来源、内容和目标、作业区范围和行政隶属、任务量、完成期限、项目承担单位和成果接收单位等。

3.1.2 测区概况

根据项目的具体内容和特点，按照需要说明与作业有关的作业区的自然地理概况。内容可包括以下几方面。

（1）作业区的地形概况、地貌特征：居民地、道路、水系、植被等要素的分布与主要特征，地形类别、困难类别、海拔高度、相对高差等。

（2）作业区的气候情况：气候特征、风雨季节等。

（3）其他情况：与作业相关的其他情况说明，包括当地人文习俗、安全隐患因素、与项目相关单位的沟通渠道及注意事项等。

3.2 作业依据及技术规定

3.2.1 作业依据

说明项目生产所依据的标准、规范或其他技术文件，文件一经引用，便构成技术设计书内容的一部分。主要包括以下几类。

（1）引用的规范、标准和技术文件。

（2）委托单位下达的委托书、任务通知书及合同书。

（3）项目立项文件，包括项目名称、工程编号等工程信息。

（4）策划表，包括人员及仪器设备配置、质量目标和进度要求等。

（5）产品要求评审记录，包括对测量成果的主要要求、委托单位规定的要求、对交付及交付后活动的要求等。

3.2.2 技术规定

根据具体成果，规定其主要技术指标和规格，一般可包括成果类型及形式、坐标系统、高程基准、测图比例尺、基本等高距、图幅规格及编号、数据基本内容、数据格式、数据精度以及其他技术指标等。

3.3 已有资料

收集并说明已有资料的数量、形式、主要质量情况（包括已有资料的主要技术指标和规格等）和评价；说明已有资料利用的可能性和利用方案等。

已有资料的收集一般包括任务依据、技术要求、控制点成果、基础地形图以及与本项目作业有关的其他基础资料。

3.4 技术方案

技术方案设计是针对数字化测图活动的技术要求，按照测图活动的内容进行的具体设计，是指导测图生产的主要技术依据。

3.4.1 控制测量

D、E 级 GPS 网主要用于中小城市、城镇及测图、地籍、土地信息、房产、物探、勘测、建筑施工等的控制测量，对于面积较大的地区平面控制测量一般是在国家三等以上大地点的基础上布设 D 级 GPS 网，发展 E 级 GPS 网和导线网。高程控制测量是在国家三等以上水准点的基础上，对 D 级 GPS 网、E 级 GPS 网等地面控制点进行四等水准联测。

3.4.2 图根控制测量

为满足测图需要，图根控制点（包括基础控制点）应满足一定的密度要求。图根点应视需要埋设适当数量的标石。图根平面控制点一般可采用导线测量、三角测量、交会测量、GPS-RTK 测量等方法布设，图根高程控制点一般可采用图根水准或测距三角高程方法布设。在各等级控制点下加密图根点，不宜超过二次附合。在难以布设附合导线的地区，可布设成支导线。

3.4.3　数据采集

一般来说，地形图、航空航天像片、图形数据或者遥感影像数据、统计资料、野外测量数据或地理调查资料等都可以作为数字测图的信息源。现阶段我国数据采集主要有以下几种方法。

（1）采用 GPS 接收机、全站仪、测距仪、经纬仪采集野外碎部点的信息数据。

（2）通过航空摄影测量和遥感手段采集地形点的信息数据。

（3）通过数字化仪在已有地图上采集信息数据。

（4）技术设计书中应说明项目采用的数据采集方法。

为便于读者理解，本书重点阐述通过全站仪进行信息数据采集，但无论采用哪种方法，其基本原理是相通的，只是采用的技术方法、使用的仪器设备和实现过程不同而已。

3.4.4　数据编码

野外数据采集仪采集碎部点的位置（x，y，h）是不能满足计算机自动成图要求的，还必须将地物点的连接关系和地物属性信息记录下来。通常用按一定规则构成的符号串来表示地物属性和连接关系等信息，这种有一定规则的符号串称为数据编码。数据编码的基本内容包括：地物要素编码（或称地物特征码、地物属性码、地物代码）、连接关系码、面状地物填充码等。

3.4.5　数据处理

数据处理是指在数据采集以后到图形输出之前对图形数据的各种处理。数据处理是数字测图的关键阶段，数据处理通过计算机实现。技术设计书应从数据传输、数据预处理、数据转换、数据计算、图形生产、图形编辑与整饰、图幅接边、图形信息的管理与应用等方面描述项目的数据处理方式、方法、流程。

3.4.6　成果输出

技术设计书中应对提交成果的类型、规格、数量等进行描述。

3.5　人力投入、硬件配置、使用软件、经费预算及进度计划

（1）人力投入。依据项目特点、本单位技术力量及工期要求，确定项目生产主要责任人员及其职责范围，确定投入的班组数量，以使人力投入与工期要求相匹配。

（2）硬件配置。规定生产过程中的仪器配备要求，包括主要测绘仪器设备、数据处理设备、数据存储设备、数据传输网络、成果输出等设备，以及交通工具、通信器材及各类耗材等配套装备的要求。

（3）使用软件。规定生产过程中主要应用软件的要求，包括控制网平差、地形图绘制编辑、文档编辑、数据处理等系列软件，规定各数据间的接口关系和要求，以满足数据采集、数据处理及成果输出等一体化的作业要求。

（4）经费预算。根据设计方案、费用估算和进度安排，合理编制费用投入计划和总经费控制目标，并做出必要说明。

（5）进度计划。根据项目合同工期要求，结合场地条件，划分测区，依据各测区大小及场地困难类别估算工作量，界定各工序时间节点要求及衔接计划，编制拟投入的生产人员数量及人力投入的时间计划。

3.6 上交和归档成果及其资料内容和要求

规定上交和归档的成果内容、规格、要求和数量，以及有关文档资料的类型、数量等，包括成果数据（规定数据内容、组织、格式，存储介质，包装形式和标识及其上交和归档的数量等）和文档资料（规定文档资料的类型和数量，包括技术设计文件、技术总结、质量检查验收报告、必要的文档簿、作业过程中形式的重要记录等）。

3.7 质量保证措施和要求

成果质量通过二级检查（过程检查和最终检查）、一级验收（抽样检查）方式进行控制，并在组织管理、资源保证、质量控制和数据安全方面采取措施确保成果质量，包括：①组织管理措施：规定项目实施的组织管理和主要人员的职责和权限；②资源保证措施：对人员的技术能力或培训的要求以及对软、硬件装备的需求等；③质量控制措施：规定生产过程中的质量控制环节和产品质量检查、验收的主要要求；④数据安全措施：规定数据安全和备份方面的要求。

质量保证措施应按照作业单位的质量管理要求，规定工序检查要求和衔接计划，出现质量问题时确保问题的可追溯性，以及问题处理的基本程序和办法。

3.8 后续服务

规定项目成果提交后后续服务的范围、内容、方式、程序、响应时间和服务承诺等。

3.9 其他技术要求

明确项目实施的重点、难点，并提出必要的技术应对措施；对项目生产过程中可能遇到的安全突发事故，规定其基本应对程序、应急响应办法或处理预案等；规定项目实施过程中可能面临的技术方案调整或变更的基本控制要求。

3.10 附件

附件内容包括：需进一步说明的技术要求；有关的设计附图、附表等。

任务3 测 图 准 备

正式作业前，应对技术方案进行评审、验证和审批，并准备所需资料，对测区进行合理划分，准备相应的仪器器材，做好外业作业人员的组织，并在作业前进行技术交底和技术培训。

1 技术方案评审、验证和审批

技术方案编制完成后，应在适当阶段对技术方案进行评审，以确保达到规定的设计目标。评审方式可采用传递评审、会议评审或审核的形式进行，必要时邀请专家参与评审。评审应评价技术方案满足要求的能力，识别存在的问题并提出必要的措施。必要时，或采用新技术、新方法和新工艺时，应对技术设计文件进行验证。验证宜采用试验、模拟或试用等方法，根据其结果验证技术方案是否符合规定要求。验证还可选用比较校验、类比对照、变换替代及其他适用的方法。

承担测绘任务的法人单位必须对技术方案进行全面审核，并在文件上签署和盖章，并将审核后的技术文件报委托单位审批。

技术文件一经批准，不得随意更改。当确需更改或补充有关的技术规定时，应按照上述方法经过确认和批准后方可实施。

2 资料的准备

在外业实施前要对现场进行实地踏勘，并在此基础上全面收集测区资料，包括各种比例尺的地形图、大比例尺工作底图、交通图以及有关的气象、水文、地质、环境等有关资料，已有的控制点成果资料，规范、规程和技术设计书，以及外业需要的各种表格，如测量手簿、点之记用表、外业草图和其他各种用表等。

3 测区的划分

在外业实施之前要对测区进行作业区划分，以便于多个作业组同时作业。一般以道路、河流、沟渠、山脊等明显线状地物为界，将测区划分为若干个作业区，分块测绘。对于地籍测量，一般以街坊为单位划分作业区。分区原则是各区之间的数据尽可能独立。跨作业区的线状地物，应测定其方向线，供内业编绘。

4 仪器器材的准备

在外业实施之前要精心准备好所需的设备，包括GPS接收机、全站仪、脚架、反射棱镜、对中杆、对讲机、计算器、钢尺或手持测距仪、草图本、笔、记录本、工作底图等，相关设备应根据规范要求做好仪器的调校检定工作。出测前应为全站仪、对讲机等充足电，并准备好备用电池。数据采集前最好提前将测区的全部已知成果输入全站仪、电子手簿或便携机，以方便外业调用。

5 外业作业人员的组织

依据任务的要求，合理安排作业人员，包括外业人员、内业人员及生活保障人员等。根据任务量及工期要求对外业人员进行分组。使用全站仪测记法无码作业，通常一个作业小组配备：观测员1人，跑尺员1～2人（根据作业情况及人员情况酌情增减），领尺员1～2人；使用全站仪测记法有码作业，通常一个作业小组配备：观测员1人，跑尺员1～3人；使用电子平板作业，通常一个作业小组配备：测站1人，跑尺员1～2人。采用无码作业时，领尺员是作业小组的核心，采用有码作业时，跑尺员是作业小组的核心。作业小组的核心负责画草图和内业成图。需要注意的是领尺员必须和测站保持良好的通信联系，保证草图上的点号和手簿上的点号一致。

6 技术交底

为使外业作业人员了解项目的规模、特点、任务要求、质量标准、技术方法、安全措施和相应责任等，在外业实施之前需对所有作业人员进行技术交底，学习技术设计书。技术负责人应详细解释技术方案的内容和具体要求，技术交底应形成相应的技术交底记录并签署。

任务4 技术设计案例

××地形测绘技术设计书样本

1 概况

为满足×××建设用地的需要，受×××的委托（或经×××组织招投标确定），我公司对×××测区进行1∶500数字地形图进行测绘。为全面、准确获取基础数据，保证测绘工作的顺利开展，特编制本项目技术设计书。

测区概况：测区位于×××。

测绘范围：东至×××，西至×××，南至×××，北至×××，合计面积约×××km^2。详见“测区区位及测量范围示意图”。

地理位置：东经×××°××′××″，北纬×××°××′××″。

地形地貌：测区地势平坦，平均高程××m左右，以菜地、果林为主，树木茂盛，地表沟渠纵横，通行通视困难。区内有国道××穿过，并有不规则网状地方道路与之相连，交通条件便利。区内间或分布有集群式居民房屋区，房屋呈零乱不规则状态分布，碎部点采集较为密集。测区困难类别为一般地区Ⅱ类。

气候特征：测区属亚热带季风气候，气候温暖，雨量充沛。年均气温×℃，历史上气温最低到×℃，最高到×℃。年均降雨量×mm。

作业时间为6—8月三个月，正值酷暑期间，区内草木茂盛，作业时应防高温注意避暑并防止攻击性动物袭击等，给测绘工作带来一定的难度。

2 作业依据及技术规定

2.1 作业依据

（1）本项目“委托书”（业主提供）。

（2）《全球定位系统（GPS）测量规范》（GB/T 18314—2009）。

（3）《国家三、四等水准测量规范》（GB/T 12898—2009）。

（4）《1∶500 1∶1000 1∶2000外业数字测图技术规程》（GB/T 14912—2005）。

（5）《城市测量规范》（CJJ/T 8—2011）。

（6）《国家基本比例尺地形图图式 第1部分：1∶500 1∶1000 1∶2000地形图图式》（GB/T 20257.1—2007）（简称《国家图式》）。

（7）《测绘技术设计规定》（CH/T 1004—2005）。

2.2 技术规定

（1）平面坐标系统：1954年北京坐标系统，采用中央子午线为114°的3度带投影。

（2）高程基准：1985年国家高程基准。

（3）成图比例尺：1∶500。

（4）基本等高距：0.5m。

（5）分幅编号：按国家标准分幅，图幅尺寸为50cm×40cm。

3　已有资料分析及利用

本项目已收集有任务依据、技术要求、测区起算控制点等资料，其数量、形式、主要质量情况、评价及利用的可能性和利用方案详见表2.1。

表2.1　已有资料分析及利用

资料名称	资料数量、形式及质量	资料分析与利用
任务依据	委托书、合同书	任务来源及项目立项
技术要求	委托单位的技术要求、标准、规范	需求分析、技术设计输入
平面控制点	向×××国土资源档案馆购置的“×××”三个四等三角点，为1954年北京坐标系，经踏勘检查，标志完好	用于测区平面起算控制点
高程控制点	向×××国土资源档案馆购置的“×××”两个三等水准点，为1985国家高程基准，经踏勘检查，标志完好	用于测区高程起算控制点
地图资料	测区2005年测制的1:2000地形图	工作地图，用于技术设计、控制网布设、踏勘选点及生产组织

4　拟投入的人员、设备及使用软件

4.1　人员组成

本项目拟投入外业生产班组×人、监控组×人、内业组×人，共×人，其中项目主要责任人及其职责详见表2.2。

表2.2　本项目主要责任人及其职责

岗位	姓名	职位职称	本项目中的岗位职责
审定	×××	×××	技术指导与监督管理，规范及定额控制，技术分歧处理，变更控制，成果审定
审核	×××	×××	参与技术设计，技术实施检查与协调，规范及定额执行监督，审查阶段成果，成果审核
项目负责	×××	×××	质量、技术及进度管理，生产组织与协调，纲要及报告编制，质量检查，成果交付与归档，后续服务
检查	×××	×××	原始记录、过程文件与成果数据间的一致性、符合性及完整性校核，队级检查

4.2　主要仪器设备

结合项目特点、场地条件和进度计划，本项目拟投入测绘仪器、数据处理、数据输入及输出和交通工具等设备，投入设备情况详见表2.3。

表2.3　本项目拟投入的主要仪器设备

仪器设备名称	数量	单位	主要用途	设备状态
GPS接收机	×	台套	控制测量	年检合格
全站仪	×	台套	控制及细部测量	年检合格
水准仪	×	台套	水准测量	年检合格
手持测距仪	×	台	边长测量	年检合格

续表

仪器设备名称	数 量	单 位	主要用途	设备状态
电脑	×	台	数据处理设备	正常
绘图仪	×	台	绘图设备	正常
打印机	×	台	打印设备	正常
扫描仪、复印机	×	台	扫描、复印设备	正常
车辆	×	辆	交通、运输	正常

各测量设备必须经有关部门年检鉴定合格并在有效期内使用。设备外观良好，型号正确，各部件及其附件匹配、齐全和完好，紧固部件无松动和脱落，一般检视合格。

4.3 使用软件

本项目拟投入控制网平差、地形图绘制、文档编辑、数据处理等系列软件，以满足数据采集、数据处理及成果输出等一体化的作业要求，拟使用软件情况详见表2.4。

表2.4 本项目拟使用的软件

软件类型	主要用途
GPS接收机随机软件	GPS平差
×××平差软件	导线平差、高程平差
数字化地形地籍成图系统CASS9.0	地形图绘制编辑
系列办公软件	文档编辑、图形处理

5 工作组织及进度计划

5.1 工期要求

按业主要求，外业工作应于××××年×月×日前完成，内业工作应于××××年×月×日前完成，成果验收工作应于××××年×月×日前完成，最终测绘成果应于××××年×月×日前提交。工期共三个月。

5.2 工作组织及进度计划

业主批复本技术设计书后立即组织进场开展测绘工作，并按上述工期要求完成本项目测绘工作。本项目基础控制网拟统一布设，并于控制点成果检查合格后根据道路及河流分布情况划分成×个测区，每个测区安排1～3个小组同时进行作业，并规定相邻测区的接边工作由后续完成测区任务的小组进行。预计本项目各工序工期长为：控制网布设×天，外业数据采集×天，内业数据处理×天，队检查×天，院级检查×天，成果整理、报告编写及出版×天。

6 技术方案

有关数据精度及要求按规范执行，并依据规范和项目特点制定本项目下列技术要求。

6.1 E级GPS测量

依照规范规定结合测区实际情况和项目需要，本项目拟布设E级GPS网作为平面首级控制网，并在其基础上，根据项目需要结合现场条件采用全站仪布设二级导线，以供发展图根、测图使用。具体技术要求详见各表相应规定。

6.1.1　布网原则

根据测区已有起算资料、测区地形、交通状况及要求精度，按照优化设计原则进行布网，对于网中 GPS 点需要采用常规测量方法加密控制网时，至少应保证该点有一个以上的通视方向。

本项目 GPS 网布设为多边形网，网中每个闭合环的边数应小于 10 条。布网时应因地制宜，首级控制点位布设应力求全面、均匀，既重点保证项目需要，又适当考虑未来可能的需要，避免控制发展级数过多。同时应尽可能利用旧点，这样既可以节省埋石费用，又可以综合检核原网的精度，并优化起算点结构。

6.1.2　选点、埋石及编号

GPS 点位的选择应易于保存、寻找，有利于其他测量手段进行联测（水准联测、发展下一级控制等），并有利于安全作业；点位应便于安置接收设备和操作，视野应开阔，被测卫星的地平高度角应大于 15°；点位应远离大功率无线电发射源（如电视台、微波站等），其距离不应小于 200m；点位应远离高压输电线，其距离不得小于 50m；点位附近不应有强烈干扰卫星信号接收的物体，并尽量避开大面积水面，如大江、湖泊、水库等。点位可布于地面、建筑物顶部，埋设于城市公共绿化地、市区的政府部门、公园、广场、机关、工厂、学校等地。

标石埋设的基础应坚定稳固，易于长期保存。标石的规格为：×××。

点的编号：①以“E+两位数流水号”组成，其中“E”代表等级；②取村名、山名、地名或单位名。如使用符合要求的旧点标石，沿用原点名。

6.1.3　外业观测

GPS 观测按静态方式进行，观测前要编制好作业调度表，观测前后应量取天线高并及时记录，并注意天气的影响。为保证点间的相对精度，各新设 GPS 点相邻点间必须有同步观测基线相连，并适当选取一些长基线，按高一级精度观测，以提高整网精度。保证每点与三条以上的独立基线相连。

GPS 接收机的选择按规定执行，外业观测应满足表 2.5 的基本技术要求。设站时，天线严格整平，对中误差应不大于 3mm；天线定向标志指向正北，定向误差不应超过±5°；观测前按互为 120°方向上量取天线高两次，其读数差小于 3mm，并将中数输入 GPS 接收机中。按要求及时填写手簿的各项内容，观测过程中不得更改各参数、再启动、自测试、改变天线位置等。禁止在天线附近使用电台、对讲机等。雷雨天气禁止观测。当日观测数据应及时下载转存至计算机硬盘。

表 2.5　GPS 测量作业基本技术要求

等级	项目					
	卫星高度角/(°)	有效观测卫星数	平均重复设站数	时段长度/min	采样间隔/s	PDOP
E 级	≥15	≥4	≥1.6	≥45	10～60	≤6

6.1.4　基线解算、平差计算及精度要求

野外观测数据必须及时备份，基线采用双差固定解，以已知点的 WGS-84 坐标系作为

基线解算依据，根据软件包说明按缺省参数进行解算。基线边长相对中误差、同步环坐标分量以及环线全长相对闭合差应满足表 2.6 的规定。

表 2.6 GPS 网的主要技术要求

等级	项目					
	平均距离/km	a/mm	b（1×10^{-6}）	最弱边相对中误差	坐标分量相对闭合差（1×10^{-6}）	环线全长相对闭合差（1×10^{-6}）
E 级	1	≤10	≤10	1/20000	9.0	15.0

异步环坐标分量闭合差及环闭合差应符合以下要求：

$$W_X \leqslant 2\sqrt{n}\sigma, \quad W_Y \leqslant 2\sqrt{n}\sigma, \quad W_Z \leqslant 2\sqrt{n}\sigma$$

$$W_S = \sqrt{W_X^2 + W_Y^2 + W_Z^2} \leqslant 2\sqrt{3n}\sigma$$

$$\sigma = \sqrt{a^2 + (b \times d)^2}$$

式中：σ 为标准差，mm；a 为固定误差，mm；b 为比例误差系数（1×10^{-6}）；d 为相邻点间距离，km；n 为闭合环中的边数；σ 为相应级别规定的基线向量的弦长精度。

复测基线长度较差应符合要求：$ds \leqslant 2\sqrt{2}\sigma$。

6.2 二级导线测量

在首级控制网的基础上，根据起算点密度、道路曲折、地物疏密程度及项目特点，采用全站仪布设二级导线，以供发展图根、测图使用。导线网采用单一附合导线或结点导线网形式布设。

6.2.1 选点、埋石及编号

导线相邻边长不宜相差过大，相邻点间的视线倾角不宜过大，确保通视良好，避免受旁折光的影响，视线应避开烟囱、散热塔、散热池等发热体及强电磁场。导线点点位应选在土质坚实、稳固可靠、便于保存的地方，视野开阔，便于加密、拓展和寻找。

标石埋设的基础应坚定稳固，易于长期保存。标石规格为×××。平面、高程共用标石时，钉面应高出地面 2～5mm。

点的编号以“Ⅱ+流水号”组成，其中“Ⅱ”代表等级。如使用符合要求的旧点标石，沿用原点名。

6.2.2 观测

导线测量水平角按左、右角观测，距离采用全站仪（DJ2 及以上）中输入气象等参数后的改平平距。导线水平角观测一测回，边长进行往返观测，取平均数。

6.2.3 平差计算及精度要求

二级导线的主要技术要求见表 2.7。导线网平差采用×××平差软件进行严密平差，平差后提供测角中误差、最弱点位误差、最弱点点间误差等精度项。导线网的闭合差统计表中按单导线形式概算出角闭合差，坐标闭合差、全长相对闭合差等，导线精度统计表亦按此形式统计。

表 2.7　　光电测距导线的主要技术要求

等级	项目								
	附合导线总长/km	平均边长/km	测距中误差/mm	测角中误差/(″)	测距测回数	测角测回数		方位角闭合差/(″)	导线全长相对闭合差
						DJ2	DJ6		
二级	2.4	0.25	15	8	2	1	3	$16\sqrt{n}$	1/10000

6.3　四等水准测量

全网以四等水准路线联测，尽量利用已有的符合要求的水准点，联测地面 GPS 点和导线点，以提高工作效率、方便使用。四等水准测量采用中丝读数法，直读距离，观测顺序为“后—后—前—前”。当水准路线为附合路线或闭合环时采用单程测量；当采用单面标尺时，应变动仪器高度，并观测两次。水准支线应进行往返观测或单程双转点法观测。每测段的往测和返测的测站数应为偶数，视线高度要求为三丝能读数。其主要技术要求见表 2.8。

表 2.8　　水准测量的主要技术要求

等级	项目						
	附（闭）合水准路线长/km	视距长/m	前后视距差/m	前后视距累积差/m	红黑面读数差/mm	黑红面高差之差/mm	路线闭合差/mm
四等	16	100	5	10	3.0	5.0	$\pm 20\sqrt{L}$

6.4　数字化地形图测绘

6.4.1　一般规定

(1) 遵循对照实地测绘的原则，采用数字测记模式（绘制草图），独立地物（不依比例）应根据外业编码使用软件自动生成。

(2) 按国家标准分幅，图幅尺寸为 50cm×40cm。注明测制单位、测图日期、坐标及高程系统、图名图号、采用的图式标准等信息。电子成果提供分幅地形图及总图各一份。

(3) 地形图符号及注记按《国家图式》（GB/T 20257.1—2007）执行。

(4) 图上地物点相对于邻近图根点的点位中误差和邻近地物点间距中误差应符合表 2.9 的规定。

表 2.9　　1:500 地形测量的地物点平面位置精度　　单位：m

地区分类	点位中误差	邻近地物点间距中误差
城镇、工业建筑区、平地、丘陵地	±0.15（0.25）	±0.12（0.20）
困难地区、隐蔽地区	±0.23（0.40）	±0.18（0.30）

注　括号内指标为地形图仅用于规划或一般用途时采用。

(5) 高程注记点的密度宜为图上每个网格内 5～20 个（其间距一般不宜大于实地距离 20m），一般选择明显地物点或地形特征点。高程注记点相对于邻近图根点的高程中误差不应大于基本等高距的 1/3，困难地区放宽 0.5 倍。

6.4.2 图根控制

（1）图根控制点（含等级控制点）的密度应以满足测图需要为原则，平坦开阔地区一般不小于64点/km^2，应根据地形复杂程度、隐蔽程度及建筑群区适当加密，大面积区域不得没有图根点。图根点一般采用临时标志，当等级控制点稀少时，应适当埋设固定标石。

（2）图根平面控制测量可采用图根导线（网）、极坐标法（引点法）和交会法布设，用极坐标法加密的图根点占总数不得超过30%。各等级点下加密图根点，不宜二次附合。图根导线不应交叉，在地形图上应能顺次连接贯通。在难以布设附合导线的地区可布设成支导线。图根高程控制测量采用图根水准联测或电磁波测距三角高程导线联测。各技术要求应满足规范要求，详见表2.10～表2.12。

表2.10 图根光电测距导线测量的技术要求

比例尺	导线总长/m	平均边长/m	测距测回数	测角测回数		方位角闭合差/（″）	导线全长相对闭合差
				DJ2	DJ6		
1:500	900	80	1	1	1	$\pm40\sqrt{n}$	1/4000

表2.11 水准测量的主要技术要求

等级	项目						
	附（闭）合水准路线长/km	视距长/m	前后视距差/m	前后视距累积差/m	红黑面读数差/mm	黑红面高差之差/mm	路线闭合差/mm
五等（图根）	5	100	大致相等	–	–	–	$\pm30\sqrt{L}$

表2.12 电磁波测距三角高程测量的主要技术要求

等级	项目					
	仪器	测回数	指标差较差/（″）	垂直角较差/（″）	对向观测高差较差/mm	附合或环形闭合差/mm
五等	DJ2	2	≤10	≤10	$60\sqrt{D}$	$30\sqrt{\sum D}$

（3）在邻近等级控制点上可采用全站仪极坐标法加密，采用该法所测的图根点不应再次发展。采用该法，一般用双极坐标测量并适当检测各点的间距；坐标、高程同时测定时，应变动棱镜高度两次测量；各技术要求及结果较差应满足规范要求，取其中数。

6.4.3 数据采集

（1）一般以测区为单位统一组织作业和组织数据。当需分成若干相对独立的分区时，宜按自然带状地物（如街道线、河沿线等）为边界线构成分区界限，各分区间应避免造成数据重叠和漏测。如有地物跨越不同分区时，该地物应完整地在某一分区内采集完成。

（2）测站仪器对中偏差不大于5mm；以较远测站点（或其他控制点）标定方向，另一测站点（或其他控制点）作为检核；检核点平面位置中误差不大于0.1m，高程较差不大于1/6等高距；每站数据采集结束时应按检核要求重新检测标定方向。

（3）测站点与碎部点观测记录的格式、要素分类及编码按规定执行；外业数据记录文件应包含测站点号、仪器高、观测点号、编码、觇标高、水平角、距离及三维坐标等信息并与成果文件一并提交。

（4）数据采集时，点状要素（独立地物）能按比例表示时，应按实际形状采集；不能按比例表示时应精确测定其定位点或定线点，有方向性的点状要素应先采集其定位点，再采集其方向点（线）。线状地物采集时，应视其变化测定，适当增加地物点的密度，以保证曲线的准确拟合。

（5）地形点平均间距一般为 25m，地性线和断裂线应按其地形变化增大采点密度，同时执行本院常规的市政工程测量采点技术要求。

（6）碎部点测距长度不大于 200m，如遇特殊情况，在保证精度的前提下，可适当加长。

（7）数据采集时，水平角、垂直角读至度盘最小分划，觇标高量至厘米，测距读至毫米，归零检查和垂直角指标差不大于 1′。

（8）绘制草图时，遵照《国家图式》（GB/T 20257.1—2007）的规定执行，复杂的图式符号可以适当简化。点状地物按编码规则直接输入全站仪进行记录存储，线状地物点的测点编号应与采集数据一致。地形要素间的相互位置必须清楚正确，各种名称、地物属性等必须标注清楚。

6.4.4 要素内容及取舍

（1）各类建筑物、构筑物及其主要附属设施均应测绘，房屋轮廓以墙基为准，并按建筑材料和性质分类，注记层数。建筑物、构筑物轮廓凸凹在图上小于 0.5mm 时，用直线连接。独立地物能依比例尺表示的实测其外围轮廓，填绘符号；不能依比例尺表示的，准确测量其定位点或定位线。

（2）各线状地物，如管线、输电线、配电线、通信线等实测其塔基或电杆的位置。建筑区内电力线、电信线不连线，在杆架处绘出线路方向。高压线注明电压伏数、电线对数，实测高压铁塔或水泥杆高度。架空、地面及有管堤的管道均实测，分别用相应符号表示，并注记传输物质的名称。地下管线检修井均实测表示。

（3）道路及其附属物按其实际形状测绘，在图上每约 4cm 及地形起伏变换处、桥涵等构筑物处测注高程点。按其铺面材料分别以混凝土、沥、砾、石、砖、碴、土等注记于图中路面上，铺面材料改变处用点线分开。

（4）河涌、水系及其附属物按实际形状测绘，水渠测注渠底及渠顶边的高程；堤、坝测注顶部及坡脚高程；池塘测注塘顶边及塘底高程。水渠注记水流方向；有名称的加注名称；根据需要测注水深，用等深线或水下等高线表示。

（5）自然形态的地貌用等高线表示，崩塌残蚀地貌、坡、坎和其他特殊地貌用相应符号或用等高线配合符号表示。独立石、土堆、坑穴、陡坎、斜坡、梯田坡、露岩地等在其上下方测注高程。

（6）植被的测绘按其经济价值和面积大小适当进行取舍，实测范围线并配置相应的符号表示或注记说明。田埂宽度在图上大于 1mm 的用双线表示，小于 1mm 的用单线表示。田块内测注有代表性的高程。

（7）标志性独立地物、古树、较大（不可迁移）的树木及其他保护性古建构筑物均实测表示。

（8）居民地、道路、山岭、河谷、河流等自然地理名称，以及主要单位等名称，均调查并注记表示。文字注记应使所表示的地物能明确判读，字头朝北，道路河流名称可随线状弯曲的方向排列，各字侧边或底边应垂直或平行于线状物体；文字的间隔尺寸按图示规定，尽量选注在图面空处，注记应避免压断主要地物和地形特征部分；高程注记一般注于点的右方；等高线注记字头应指向山顶或高地，但字头不应指向图纸的下方。地貌复杂的地方，注记配置时应注意保持地貌的完整。

6.4.5 绘图、整饰与输出

（1）依照规范规定采用专业软件在电脑上编辑绘制地形图。原始及过程文件的图层采用软件自定义图层。

（2）地形图整饰做到地物地貌各要素应主次分明、线条清晰、位置正确、交接清楚；高程注记应点位清楚，个别移位的高程注记文字应保证能准确判断注记对象，剔除异常高程数据；各项地理名称注记摆放在适当的位置，字形、字号、字向、字隔应符合规范要求且美观易判读；等高线应光滑无毛刺，无点线不符的情况。

（3）提交的最终成果应另存副本，并按要求对地形要素的图层、颜色、线型、线宽、字体予以处理后提交。

7 检查验收

严格按国家相关规范规定的要求和我公司ISO 9001标准的有关规定对测绘工作进行全程监控，成果质量应通过二级检查一级验收方式进行控制，依次通过我公司作业部门的过程检查、质量管理部门的最终检查和由业主组织的验收或委托具有资质的质量检验机构进行质量验收。

（1）过程检查采用全数检查，并应形成过程检查记录。在小组自查互校的基础上，队级专职检查员、技术负责人对所有过程及成果资料进行全数检查。

（2）最终检查采用全数检查，涉及野外检查项的可采用抽样检查，样本以外的应实施内业全数检查。最终检查应审核过程检查记录，成果检查合格后出具检查报告。

（3）验收采用抽样检查，由业主组织验收或委托具有资质的质量检验机构对样本进行详查，必要时可对样本以外的单位成果的重要检查项进行概查。验收应审核最终检查记录，成果检查合格后出具验收报告。

8 成果资料

（1）技术设计书。

（2）控制点成果表（含点位略图、点之记及平差计算文件）。

（3）1∶500数字化地形图（dwg格式的数字图形文件，总图及分幅图）。

（4）技术总结。

9 后期服务

提交正式成果资料后，派专人负责本项目的后期跟踪服务，随时负责解答业主等相关成果使用单位提出的问题，必要时到现场进行服务。

思 考 题 与 习 题

1. 编写技术设计书的基本原则有哪些？
2. 简述技术设计书的基本内容。
3. 外业测图如何划分测区？

模块 3　大比例尺数字测图外业

【模块概述】

数字测图地形数据采集的工作，主要是外业现场采集地形、地物特征点的位置信息、几何关系及属性信息，经计算机软件辅助成图。

【学习目标】

1. 知识目标

（1）掌握图根导线的施测方法及精度要求。

（2）掌握野外数据采集的模式及方法。

（3）理解全站仪野外数据编码方法。

2. 技能目标

（1）会使用全站仪进行导线布设和施测。

（2）会使用全站仪进行草图法野外数据采集。

（3）会使用 RTK 进行野外数据采集。

3. 态度目标

（1）团结协作，主动配合。

（2）遵守操作规程，爱护仪器设备。

（3）遵守劳动纪律，安全文明生产。

任务 1　图 根 控 制 测 量

地形数据采集工作必须遵循“先整体、后局部”的原则，采用“先控制、后碎部”的工作步骤。在测区内选择若干控制点，测定其平面位置的测量工作，称为平面控制测量；测定其高程位置的测量工作，称为高程控制测量。本任务主要介绍图根控制网的测量方法。

1　一般规定

四等以下各级基础平面控制测量的最弱点相对于起算点点位中误差应不大于 5cm。四等以下各级基础高程控制的最弱点相对于起算点的高程中误差应不大于 2cm。

图根点相对于图根起算点的点位中误差，按测图比例尺 1∶500 应不大于 5cm；1∶1000、1∶2000 应不大于 10cm。高程中误差应不大于测图基本等高距的 1/10。

图根点应视需要埋设适当数量的标石，城市建设区和工业建设区标石的埋设，应考虑满足地形图修测的需要。图根控制点（包括高级控制点）的密度，应以满足测图需要为原则，一般应不低于表 3.1 的要求。

表 3.1 图根控制点密度

测图比例尺	1:500	1:1000	1:2000
图根控制点的密度/（点数/km^2）	64	16	4

2 平面控制测量

图根平面控制测量，可采用图根导线（网）、极坐标法（引点法）和交会法等方法布设。在各等级控制点下加密图根点，不宜超过二次附合。在难以布设附合导线的地区，可布设成支导线。测区范围较小时，图根导线可作为首级控制。

2.1 图根导线测量

图根导线是地形控制的一种布置形式。将测区内相邻控制点连成直线而构成的折线称为导线，控制点称为导线点。控制点间的连线称为导线边，相邻两直线之间的水平角称为转折角。与坐标方位角已知的导线边（又称定向边）相连接的转折角，称为连接角（又称定向角）。观测主要内容是转折角的观测和导线边的观测。

图根导线测量的主要技术要求，按照表 3.2 的规定执行。图根导线的边长采用测距仪单向施测一测回。一测回进行两次读数，其读数较差应小于 20mm，测距边应加气象加、乘常数改正。

表 3.2 图根导线测量技术要求

附合导线长度/m	相对闭合差	边长	测角中误差/（″）		测回数	方位角闭合差/（″）	
			一般	首级控制	DJ6	一般	首级控制
1.3M	1/4000	不大于碎部点最大测距的 1.5 倍	±30	±20	1	$\pm 60\sqrt{n}$	$\pm 40\sqrt{n}$

注 n 为测站数，M 为比例尺分母。

1∶500、1∶1000 测图，附合导线长度可放宽至表 3.2 规定值的 1.5 倍，且附合导线边数不宜超过 15 条，此时方位角闭合差不应大于$\pm 40''\sqrt{n}$，绝对闭合差应不大于 $0.5\times M\times 10^{-3}$（m）；导线长度短于表 3.2 规定的 1/3 时，其绝对闭合差应不大于 $0.3\times M\times 10^{-3}$（m）。

当图根导线布设成支导线时，支导线的长度不应超过表 3.2 中规定的附合导线长度的 1/2，边数不宜多于 3 条。水平角应使用 DJ6 型经纬仪施测左、右角各一测回，其圆周角闭合差应不大于 40″。边长采用测距仪单向施测一测回。

2.1.1 导线的布设

导线的布设形式主要有闭合导线、附合导线和支导线三种。

2.1.1.1 闭合导线

导线从已知控制点 B 和已知方向 BA 出发，经过点 1、点 2、点 3、点 4 后回到起点 B，各线段形成一个闭合多边形。这样的导线称为闭合导线，如图 3.1 所示。

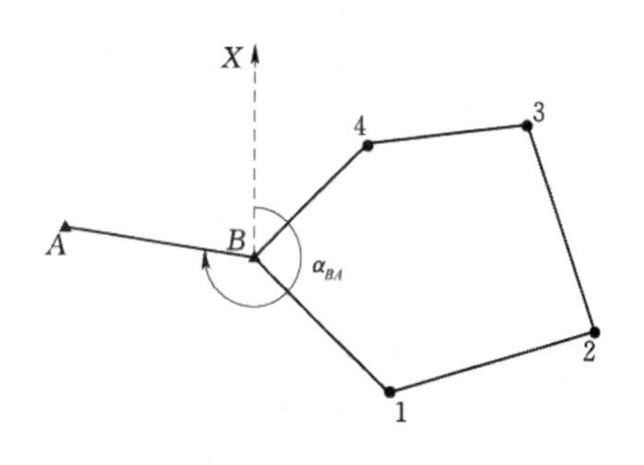

图 3.1 闭合导线的布置形式

闭合导线具有严密的几何条件，具有多边形内角和及坐标增量的检核条件。

2.1.1.2 附合导线

导线从已知控制点 B 和已知方向 BA 出发，经过点 1、点 2、点 3 后，附合到另一个已知控制点 C 和已知方向 CD 上。这样的导线称为附合导线，如图 3.2 所示。

附合导线具有坐标方位角和坐标增量的检核条件。

2.1.1.3 支导线

导线由一已知控制点 B 和已知方向 BA 延伸出去，既不附合到另一个已知控制点，又不回到原来的起始点上。这样的导线称为支导线，如图 3.3 所示。支导线只有起算数据，没有检核条件，不易发现工作中的错误，一般不用作测图控制。

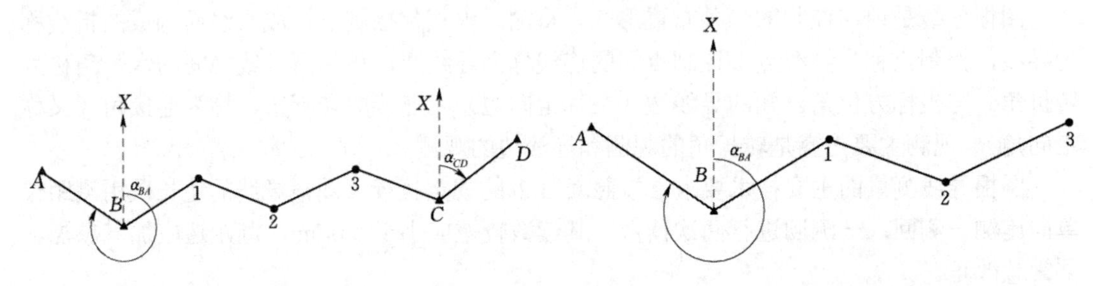

图 3.2 附合导线的布置形式

图 3.3 支导线的布置形式

直接供地形测图使用的控制点，称为图根控制点，简称图根点。图根控制测量主要包括技术设计、实地选点、标石埋设、观测和平差计算等步骤。

2.1.2 导线的外业工作

2.1.2.1 导线的选点与埋石

在开展野外地形点数据采集工作之前，应根据测图的目的，收集测区原有的地形图及控制点资料，到现场实地勘察，了解具体情况，拟定导线的布设形式，实地选定导线点，并设立标志。

实地布置导线点应注意以下几个方面。

（1）相邻控制点间应相互通视良好，地势平坦，便于测角和量距。

（2）点位应选在土质坚实、便于安置仪器和保存标志的地方。

（3）导线点应选在视野开阔的地方，便于碎部测量。

（4）导线边长应大致相等，其平均边长应符合技术要求。

（5）导线点应有足够的密度，分布均匀，便于控制整个测区。

导线点位置选定后，要在地面上标定下来。若点位设在泥土地面上，一般方法是采用打木桩的方法定位，并在桩顶中心钉上一个小铁钉，作为临时性标志（图 3.4）；若点位设在碎石或沥青路面上，则可用顶部有十字纹的铁钉替代木桩；若点位设在混凝土地面

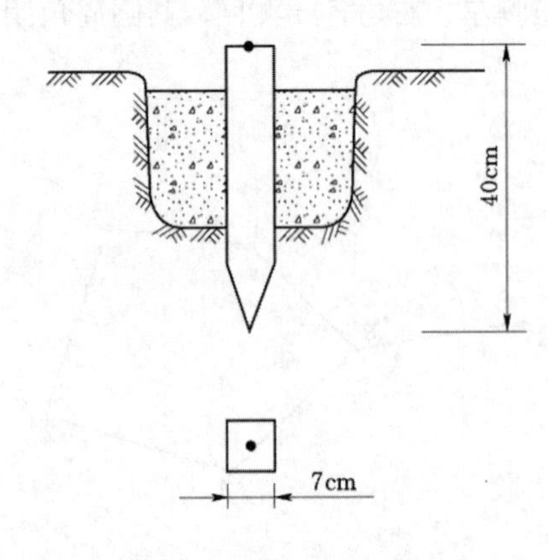

图 3.4 临时导线点的埋设

上，则可使用钢凿在地面凿刻十字纹，涂上红漆使标志明显。对于需要长期保存的导线点，则应埋设混凝土导线点标石（图 3.5）。

为了便于日后观测、寻找点位，应绘制点之记，如图 3.6 所示。在点之记上注记地名、路名、点位编号及点位至周边地物方位和距离等信息。

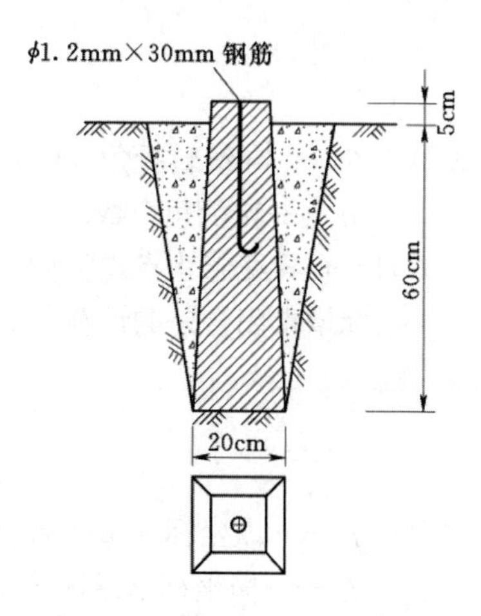

图 3.5　混凝土导线点的埋设

2.1.2.2　转折角的观测

转折角的观测一般采用测回法进行，可使用 DJ6 经纬仪或全站仪测回法观测一测回。当导线点上应观测的方向数在 3 个及以上时，应采用方向观测法进行观测。在进行转折角观测时，应按照导线前进的方向，统一观测导线的左角或右角，并及时绘制测角示意图。

为保证测量结果的准确性，在观测之前，应对所用的仪器、觇牌和光学对中器等进行严格检校，在观测过程中需严格对中和精确照准。

在城市和工业区进行导线测量时，因周边干扰因素的影响会导致测量结果的不准确，同时也影响人身和仪器的安全，因此可在夜间进行观测作业，提高测量结果的精度。

2.1.2.3　导线边长的观测

导线边长可采用电磁波测距仪测量，也可利用全站仪在测量转折角的同时观测导线边的长度，应记录测量结果的水平距离。为提高测量准确度，导线边长建议采用对向观测，以增加检核条件，其较差的相对误差应不大于 1/3000。使用全站仪测量距离时，应测定温度及气压并输入至仪器中，进行气象改正，提高测量准确度。

2.1.3　导线的内业计算

导线计算主要是利用观测所得的导线转折角及导线边长，根据已知方向和已知坐标，推算各导线点的坐标。在计算过程中，需解决观测数据中存在的误差问题，应根据已知条件对观测误差进行合理分配。由于导线布设形式的不同，其计算方法也稍有不同。

2.1.3.1　闭合导线

根据多边形内角和应等于$(n-2)\cdot180^{\circ}$的条件，闭合导线的角度闭合差如图 3.7 所示，可由式（3.1）计算求出。

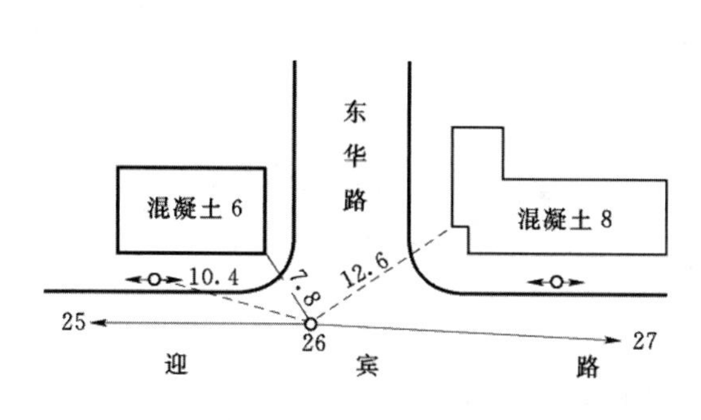

图 3.6　导线点的点之记（单位：m）

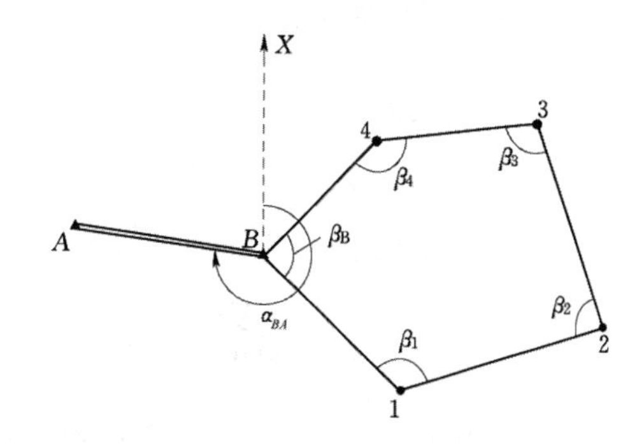

图 3.7　闭合导线的角度闭合差计算

$$f_\beta = \sum\beta - (n-2)\cdot 180^\circ \tag{3.1}$$

式中　β——导线转折角，(°)；

n——转折角个数。

因闭合导线起止点均为同一点，坐标增量理论值应该为：$\Sigma\Delta x = 0$，$\Sigma\Delta y = 0$。

坐标增量闭合差的计算公式为

$$\left.\begin{aligned} f_x &= \Sigma\Delta x \\ f_y &= \Sigma\Delta y \end{aligned}\right\} \tag{3.2}$$

式中　f_x——纵坐标增量闭合差；

f_y——横坐标增量闭合差。

导线全长闭合差的计算公式为

$$f = \sqrt{f_x^2 + f_y^2} \tag{3.3}$$

导线全长相对闭合差的计算公式为

$$K = \frac{f}{\Sigma D} = \frac{1}{\Sigma D / f} = \frac{1}{N} \tag{3.4}$$

式中　D——导线边长，m；

f——导线全长闭合差；

N——整数。

2.1.3.2　附合导线

根据附合导线两端已知方向已知的特点，可由导线起始边的方位角 α_{AB} 和左角 β_i，推算得到终了边的方位角。α'_{CD}，如图 3.8 所示。附合导线的角度闭合差可由公式计算求出。

$$\alpha'_{CD} = \alpha_{AB} - n\cdot 180^\circ + \Sigma\beta_i \tag{3.5}$$

$$f_\beta = \alpha'_{CD} - \alpha_{CD} \tag{3.6}$$

式中　β——导线转折角，(°)；

n——转折角个数。

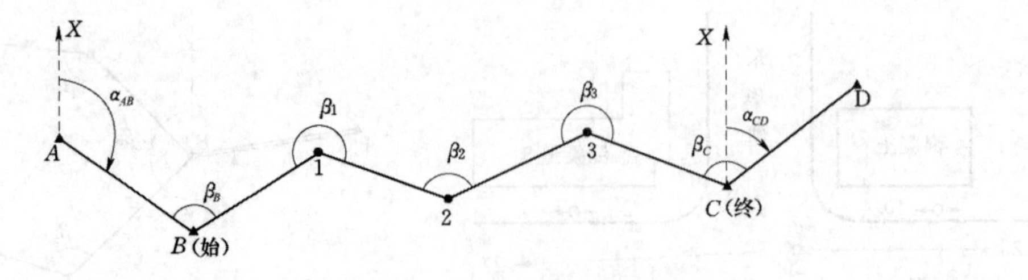

图 3.8　附合导线的角度闭合差计算

附合导线有两个已知坐标的端点（起点 B 和终点 C），故坐标增量理论值应该为

$$\left.\begin{aligned}\Sigma\Delta x_{理} &= x_C - x_B \\ \Sigma\Delta y_{理} &= y_C - y_B\end{aligned}\right\} \tag{3.7}$$

坐标增量闭合差的计算公式为

$$\left.\begin{aligned}f_x &= \Sigma\Delta x - (x_C - x_B) \\ f_y &= \Sigma\Delta y - (y_C - y_B)\end{aligned}\right\} \tag{3.8}$$

式中　f_x——纵坐标增量闭合差；

f_y——横坐标增量闭合差。

导线全长闭合差的计算公式为

$$f = \sqrt{f_x^2 + f_y^2} \tag{3.9}$$

导线全长相对闭合差的计算公式为

$$K = \frac{f}{\Sigma D} = \frac{1}{\Sigma D/f} = \frac{1}{N} \tag{3.10}$$

2.2　极坐标法（引点法）测量

采用光电测距极坐标法测量时，应在等级控制点或一次附合图根点上进行，且应联测两个已知方向，其主要技术要求，应按照表 3.3 规定执行。其边长按测图比例尺：1∶500 应不大于 300m，1∶1000 应不大于 500m；1∶2000 应不大于 700m。采用光电测距极坐标法所测的图根点，不应再次发展。

表 3.3　　极坐标法测量技术要求

仪器	距离测量	半测回较差/（″）	测距读数较差/mm	高程较差	两组计算坐标较差/m
DJ6	单向施测一测回	≤30	≤20	≤1/5H_d	0.2×M×10^{-3}

注　H_d为基本等高距，M为比例尺分母。

2.3　交会法测量

图根解析补点，可采用有检核的测边交会和测角交会。其交会角应在 30°～150°之间，交会边长不宜超过 0.5M（m）。分组计算所得的坐标较差，不应大于 0.2×M×10^{-3}（m）。

3　高程控制测量

图根高程控制测量应采用图根水准测量或电磁波测距三角高程测量。

3.1　高程控制测量的路线形式

图根水准可沿图根点布设为附合水准路线、闭合水准路线、支水准路线以及由这三种水准路线组合而成的结点网，如图 3.9 所示。

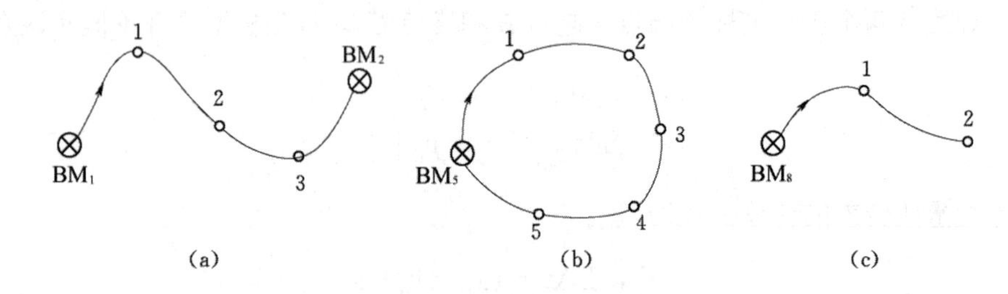

图 3.9　水准路线的布置形式

（a）附合水准路线；（b）闭合水准路线；（c）支水准路线

当水准路线布设成支线时，应采用往返观测，其路线长度应不大于 2.5km。当水准路线组成单结点时，各段路线的长度应不大于 3.7km。

3.2　图根水准测量

3.2.1　图根水准测量的技术要求

图根水准测量的技术要求按照表 3.4 规定执行。

表 3.4　　图根水准测量限差

仪器类型	附合路线长度/km	i 角/(″)	视线长度/m	观测次数		往返测较差、附合或环线闭合差/mm	
				与已知点联测	附合或闭合线路	平地	山地
DS10	5	≤30	100	往返各一次	往一次	$\pm40\sqrt{L}$	$\pm12\sqrt{n}$

注　L 为水准路线长度，单位为 km。n 为测站数。

3.2.2　水准测量的方法

水准测量起算点的高程一般引自不低于四等精度的高程控制点，若测区附近没有国家水准点，也可建立独立的水准网，这样起算点的高程应采用相对高程。下面以四等水准测量为例，介绍水准测量的施测、记录和计算方法。

3.2.2.1　四等水准测量的施测方法

在每个测站上，首先安置仪器于两侧测点等距离处，整平仪器，使圆水准气泡居中，然后分别瞄准后、前视尺，估读视距，使后、前视距离差不超过 3m。如果超限，则应移动仪器，以满足前后视距要求，并按以下观测顺序完成一个测站操作。

（1）照准后视尺黑面，精平，分别读取上、下、中三丝读数。

（2）照准后视尺红面，精平，读取中丝读数。

（3）照准前视尺黑面，精平，分别读取上、下、中三丝读数。

（4）照准前视尺红面，精平，读取中丝读数。

以上观测顺序简称为“后、后、前、前”或“黑、红、黑、红”的观测程序。

3.2.2.2　四等水准测量的记录和计算方法

测量数据的记录、计算见表 3.5。

表 3.5　　　　　　　　　　　　　　**四等水准测量记录表**

测站编号	点号	后尺 上丝 / 下丝 / 后距/m / 视距差 d/m	前尺 上丝 / 下丝 / 前距/m / $\sum d$/m	方向及尺号	中丝读数/m 黑	中丝读数/m 红	K加黑减红/mm	高差中数/m	备注
1	BM_1—TP_1	1.571（1）	0.739（5）	后 $K1$	1.384（3）	6.171（4）	0（13）	+0.8325（18）	括号中的数字为计算顺序
		1.197（2）	0.363（6）	前 $K2$	0.551（7）	5.239（8）	-1（14）		
		37.4（9）	37.6（10）	后—前	+0.833（15）	+0.932（16）	+1（17）		
		-0.2（11）	-0.2（12）						
2	TP_1—TP_2	1.965	2.141	后 $K2$	1.832	6.519	0	-0.1745	$K1$=4.787 $K2$=4.687
		1.700	1.874	前 $K1$	2.007	6.793	+1		
		26.5	26.7	后—前	-0.175	-0.274	-1		
		-0.2	-0.4						
3	TP_2—TP_3	0.565	2.792	后 $K1$	0.356	5.144	-1	-2.2175	
		0.127	2.356	前 $K2$	2.574	7.261	0		
		43.8	43.6	后—前	-2.218	-2.117	-1		
		0.2	-0.2						
4	TP_3—BM_2	2.121	2.196	后 $K2$	1.934	6.621	0	-0.0745	
		1.747	1.821	前 $K1$	2.008	6.796	-1		
		37.4	37.5	后—前	-0.074	-0.175	+1		
		-0.1	-0.3						
每页检核	∑（9）=145.1, ∑（10）=145.4, ∑[（15）+（16）]=-3.268 ∑（9）-∑（10）=-0.3,2∑（18）=-3.268, ∑（9）+∑（10）=290.5m,计算正确								

3.3　电磁波测距三角高程测量

当地面高低起伏、两点间高差较大不适宜进行水准测量时，可使用电磁波测距三角高程测量的方法测定两点间的高差，如图 3.10 所示。

3.3.1　电磁波测距三角高程测量的技术要求

电磁波测距三角高程，其技术要求应按照表 3.6 规定执行。电磁波测距三角高程测量附合路线长度应不大于 5km，布设成支线应不大于 2.5km。仪器高、规标高量取至毫米，其路线应起闭于图根以上各等级高程控制点。

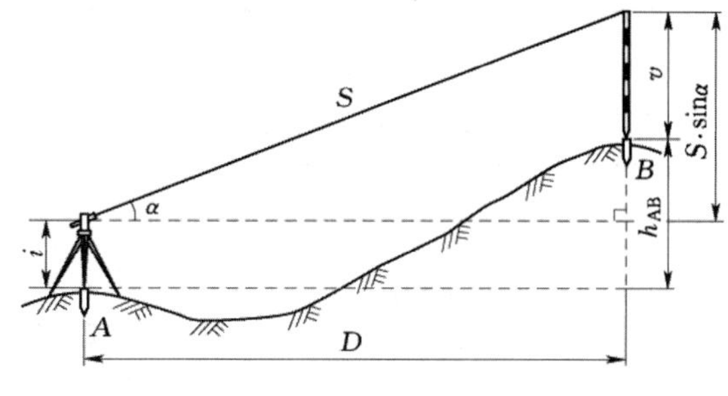

图 3.10　三角高程测量

表 3.6　　电磁波测距三角高程测量限差

仪器类型	测回数（中丝法）	指标差较差/（″）	垂直角较差/（″）	附合或环线闭合差/mm	边长施测方法
DJ6	2	≤25	≤25	$\pm40\sqrt{D}$	单向施测一测回

注：D 为路线长度，单位为 km。

3.3.2　三角高程测量的计算公式

$$h_{AB}=S\cdot\sin\alpha+i-v \tag{3.11}$$

式中　S——全站仪至棱镜的倾斜距离，m；

α——竖直角；

i——全站仪的高度，m；

v——棱镜的高度，m。

3.3.3　三角高程测量的观测与计算

3.3.3.1　三角高程测量的观测

在测站上安置全站仪，严格对中整平，量取仪器高 i，在目标点上安置棱镜，量取棱镜高 v。

将全站仪的十字丝调整清晰，再瞄准棱镜，需将十字丝中心与棱镜中心对准重合，测定全站仪至棱镜之间的倾斜距离 S。

三角高程导线观测应符合下列要求。

（1）边长的测量应往返各观测一测回，测距时需进行气象改正。

（2）竖直角观测应准确瞄准棱镜中心，观测三测回。竖直角测回差及指标差均应不大于表 3.6 中的限差要求。

（3）仪器高和棱镜高应在观测前后各测量一次，精确读数至 mm，两次读数较差不大于 2mm 时，取两次读数的平均值。

（4）对向观测高差较差应不大于 $\pm40\sqrt{D}$ (mm)（D 为以 km 为单位的测距边水平距离）。三角高程导线的闭合差与四等水准测量的要求相同。

3.3.3.2　三角高程测量的计算

按三角高程测量的计算公式，利用表格完成计算过程，见表 3.7。

表 3.7　　三角高程测量计算表

起算点	A	
待定点	B	
往返测	往	返
斜距 S /m	106.641	106.633
垂直角 α	+8°12′12″	-8°10′24″
$S\cdot\sin\alpha$/m	15.216	−15.160
仪器高 i/m	1.560	1.504
棱镜高 v/m	1.880	1.245
高差/m	14.896	−14.901
平均高差/m	14.899	

3.4　成果整理

图根水准测量或三角高程的闭合路线或附合路线的成果整理，首先其高差闭合差应满足表 3.4 的要求，然后才可以对高差闭合差进行调整计算，见表 3.8。具体计算及调整的方法可参见控制测量、测量平差等相关教材，最后按调整后的高差计算各水准点的高程。若为支水准路线，则满足要求后，取往返测量结果的平均值为最后结果，据此计算水准点的高程。

表 3.8　　闭合水准路线成果计算

测量编号	测点	距离/km	实测高差/m	高差改正数/m	改正后高差/m	高程/m	备注
	BM_A					27.015	已知
1		1.1	+3.241	0.005	+3.246		
	1					30.261	
2		0.7	−0.680	0.003	−0.677		
	2					29.584	
3		0.9	−2.880	0.004	−2.876		
	3					26.708	
4		0.8	−0.155	0.004	−0.151		
	4					26.557	
5		1.3	+0.452	0.006	+0.458		
	BM_A					27.015	与已知高程相符
Σ		4.8	−0.022	+0.022	0		
辅助计算	$f_h=\sum h_{测}=-0.022$m　$f_{h容}=\pm 40\sqrt{L}$ mm$=40\sqrt{4.8}$ mm=87mm $\lvert f_h \rvert < \lvert f_{h容} \rvert$ 精度合格						

任务 2　全站仪坐标数据采集

野外数据采集就是测定野外地形的地形点、地物点的平面位置和高程，并收集记录其相关信息，供内业成图使用。

1　测定地形碎部点的方法

碎部点测量方法依据其原理分类，有极坐标法、方向交会法、距离交会法、直角坐标法、方向距离交会法等多种。

1.1　极坐标法

极坐标法是测定碎部点位最常用的一种方法。如图 3.11 所示，测站点为 A，定向点为 B，通过观测水平角 β_1 和水平距离 D_1 就可确定碎部点 1 的位置，同样，由观测值 β_2、D_2 又可测定点 2 的位置。这种定位方法即为极坐标法。

1.2　方向交会法

当地物点距离较远，或遇河流、水田等障碍不便丈量距离时，可以用方向交会法来测定。如图 3.12 所示，设欲测绘河对岸的特征点 1、2、3 等，自 A、B 两控制点与河对岸的点 1、2、3 等量距不方便，这时可先将仪器安置在 A 点，经过对点、整平和定向以后，测定 1、2、3 各点的方向。然后再将仪器安置在 B 点，按同样方法再测定 1、2、3

点的方向，利用专业测绘软件将所测定的方向值绘制成方向辅助线，则 A、B 两点所绘制的方向线辅助线的交点，即得到 1、2、3 点的位置。实际操作过程中，应注意检查交会点位置的正确性。

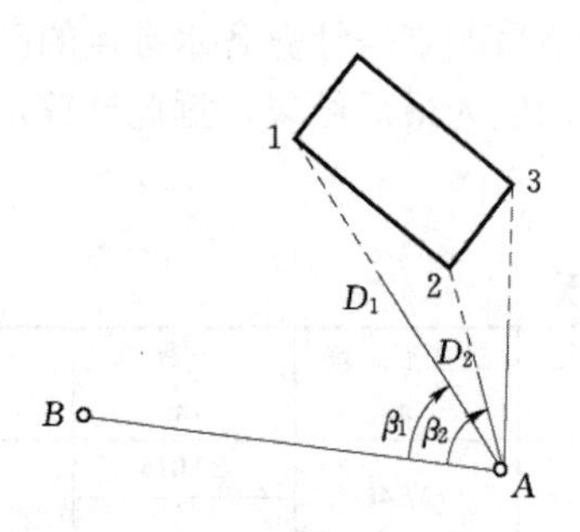

图 3.11　极坐标法测绘地物

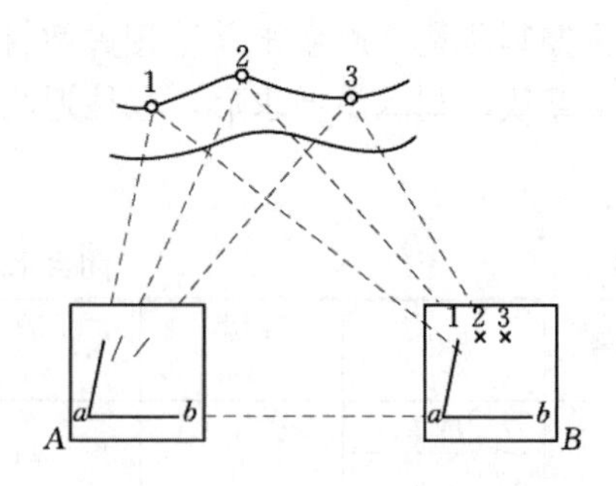

图 3.12　方向交会法测绘地物

1.3　距离交会法

在测完主要房屋后，再测定隐蔽在建筑群内的一些次要的地物点，特别是这些点与测站不通视时，可按距离交会法测绘这些点的位置。如图 3.13 所示，图中 P、Q 为已测绘好的地物点，测定 1、2 两点位置的，具体测法如下。

使用全站仪测定 $P1$、$P2$ 和 $Q1$、$Q2$，在绘图软件中，分别以 P、Q 为圆心，用 $P1$、$P2$、$Q1$、$Q2$ 的长度为半径作圆弧，两圆弧相交可得交点 1、2，连接图上的 1、2 两点即得地物一条边的位置。如果再已知房屋宽度，就可以用偏移的方法绘出该地物。

1.4　直角坐标法

如图 3.14 所示，P、Q 为已测建筑物的两房角点，以 PQ 方向为 y 轴，找出地物点在 PQ 方向上的垂足，丈量 y_1 及其垂直方向的支距 x_1，便可定出点 1。同法可以定出 2、3 等点。与测站点不通视的次要地物靠近某主要地物，地形平坦且在支距 x 很短的情况下，适合采用直角坐标法来测绘。

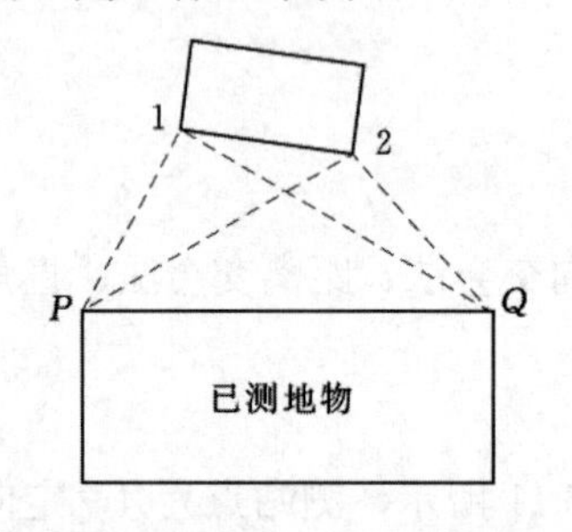

图 3.13　距离交会法测绘地物

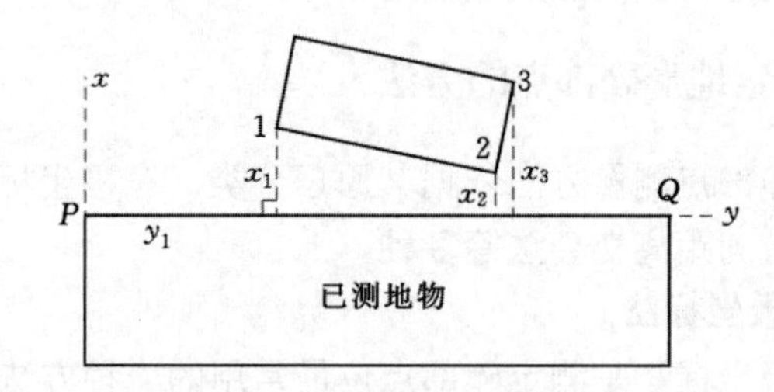

图 3.14　直角坐标法测绘地物

1.5　方向距离交会法

与测站点通视但量距不方便的次要地物点，可以利用方向距离交会法来测绘。方向仍从测站点出发来测定，而距离是从图上已测定的地物点出发来量取，按比例尺缩小后，用分规卡出这段距离，从该点出发与方向线相交，即得欲测定的地物点。这种方法称为方向距离交会法。

如图3.15所示，P为已测定的地物点，现要测定点1、2的位置，从测站点A瞄准点1、2，画出方向线，从P点出发量取水平距离D_{P1}与D_{P2}，即可通过距离与方向交会得出点1、2的图上位置。

2　地物的测绘

地面上的各种地物可依据其特性分成若干类，各类地物的测量方法有各自的特点。即使是同类地物，其形状大小也千差万别，测绘地物就是测量最低限度的特征点，用规定的符号，缩小表示在图上。

地物可分为人工地物和自然地物。人工地物包括房屋、道路、水渠、电力线等；自然地物包括河流、湖泊、森林、泉水等。

2.1　地物的测绘方法

地物种类很多，各具特点，测绘方法亦存在差别，但必须能反映其形状、大小、性质和位置这四个要素，下面分别予以介绍。

2.1.1　*居民地的房屋与建筑物的测绘*

居民地是地形类别的名称，实际上是指人类工作生活相对集中的区域，其显著特点是区域内有较多的建筑物和房屋街道。

对大比例尺地形图而言，原则上应独立测绘出每座永久建筑物。但有些尺寸太小的房屋在1∶2000、1∶5000地形图上难以一一独立绘出时可酌情综合处理。

城市里的居住小区和富裕农村新建的居民区都有合理的规划，房屋排列整齐规则，各个房屋外形相同，只需测量少量外轮廓点，配合细部尺寸的丈量，即可绘出整排房屋。如图3.16所示。

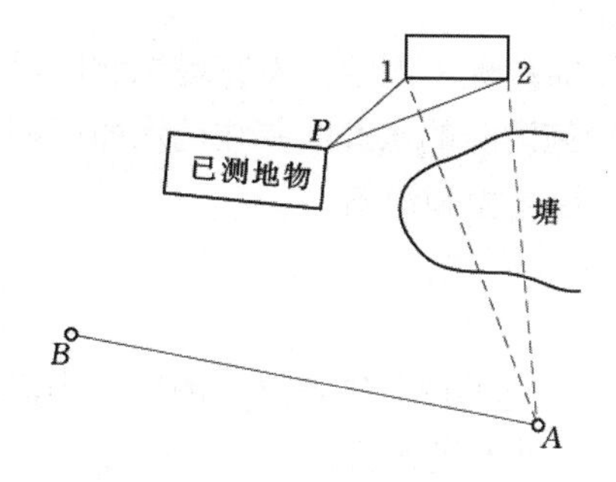

图3.15　方向距离交会法测绘地物

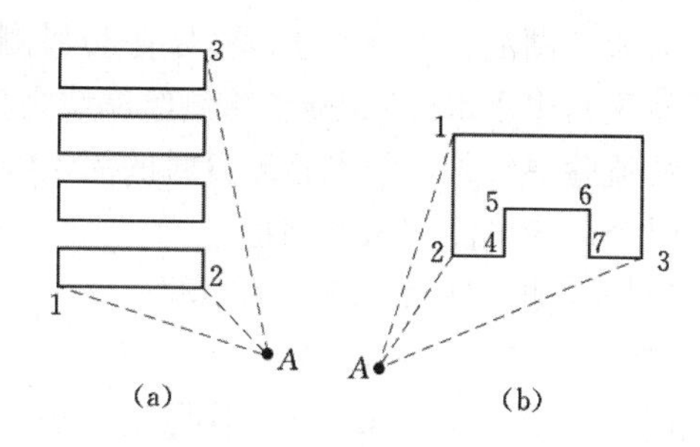

图3.16　居住小区

城镇中的老城区，房屋密集隐蔽，通视条件极差，测绘难度大。事前要仔细研究，制定周密的方案，布设若干导线深入其中，然后以导线边作基线，用支距法分征片测绘。

测量房屋以房屋墙基角为准，外廓为角形的房屋，至少测量三个基角点，并检查它们是否构成直角。立镜员应依次连续立同一房屋的三个角点以便测记员及时正确地勾绘该房屋。每座房屋至少有一个高程注记点，并应注记其层数及结构（如砖混、框架等）。

居民地有各种各样的名称，如村名、单位名、小区名等，应当经调查核实后，予以注记。

2.1.2　道路的测绘

道路包括公路、铁路、城镇中的街道、乡间的大路和小路及其附属物，如桥梁、隧道、涵洞、路堤、路堑、排水沟、里程碑、标志牌等。道路及其附属物均需测绘，临时性的便道不测绘，并行的多条小路择主要的测绘。

道路在图上均以比例尺缩小的真实宽度双线表示。道路边界线明显的，可以在一侧边界立镜测绘，丈量路宽绘出另一侧的边界线。曲线段及拐弯处应减小立镜点的间距，直线段可适当加大。铁路轨顶（曲线段为内轨）、公路路面中心、道路交叉处、桥面等必须测注高程。边界不明显的道路，测量其中心线，从中心线向两侧丈量至边界距离，然后绘出道路边界线。

路堤、路堑按实际边界线测绘，并在坡顶坡脚适当位置测注高程点。凡宽度在图上可以绘出的排水沟均应按比例测绘。其他附属物（桥梁、涵洞，里和碑等）按实际位置测绘，用专用符号表示。

铁路、公路在同一平面交叉时，公路中断铁路不中断。道路立交时，应如实测绘该处的立交桥，并用相应符号表示。

城镇街道还需标注路面材料和街道名称。凡在围墙内的各单位的内部道路，除主要道路外，一律用内部路符号（虚线）绘出。

道路测绘一般采用沿道路延伸方向追索立镜，有利于测记员勾绘道路。

2.1.3　水系的测绘

水系是另一类特征明显的地物，大到江河湖海，小到溪流沟渠、池塘水库、泉井等自然的和人工的水源、水面和水的通道，及其相关的水工建筑物，如堤、水坝、桥、水闸、码头、渡口等。

海岸线以高潮时的水位线为准测绘，并适当注记高程。

河流、湖泊、池塘、水库按实际边界测绘，有堤岸的按堤岸测绘，没有堤岸和明显界线的按正常洪水水位线测绘。除测绘岸线之外，还要测绘施测时的水涯线并注记水面高程。

溪流除岸线外，须测绘测量时的流水线，并适当注记高程和流向。

时令河应测注河床的高程。

堤坝要测注顶面与坡脚的高程。

测绘水系时，沿水系界线在起点、转折点、弯曲点、交叉点、终点立尺测定。当河流的宽度小于图上0.5mm，沟渠实际宽度小于图上1m时，以单线表示。

井、泉视具体情况测绘，水乡地区除较有名的井泉外，一般不予测绘。沙漠干旱地区所有泉眼皆需测绘。泉井必须标注测绘时的水面高程。水乡的溪流沟渠可酌情综合取舍。

2.1.4　管线及墙栅的测绘

管线是指露在地面的管道、高压电力线、通信线等。

墙栅是指城墙、围墙、栅栏、铁丝网、篱笆等。

管线类测绘时，均测绘支撑物，如高压线的电杆等，用符号表示。

2.1.5　植被区域的测绘

地表除水面和荒漠之外，几乎被各种植物所覆盖。植被是各种植物的总称，它们有的是天然生长的，例如天然林、灌木丛、芦苇、草地等；有的是人工种植的，水稻、树苗、人工经济林等。在地形图上应反映各种植物的分布状况。

当地类界线与线状地物重合时，可略去地类界线。在各地类界圈定的范围内，填绘相应的植被符号，必要时还可配以文字说明和高程注记。农田要用不同的地类符号区分种植不同作物的地块和土地的特性，如水稻、旱地、菜地等。田埂在图上的宽度大于1mm时用双线表示，各地块内应测注代表性的高程点。

2.1.6　特殊地物点的测绘

特殊地物包括各类各级测量控制点、具有纪念意义的地物、具有方向意义的地物以及公用事业和公用安全设施等。各类各级测量平面控制点在测绘准备阶段已展绘在图上，测图过程中应当将各级水准点的位置测绘到图上，并注记点号与高程。

2.2　测绘地形图的注意事项

地形图测绘是一项多人配合、环节较多、把握尺度较灵活的作业，除熟练掌握方法和技巧之外，还需要较丰富的经验。从前人的宝贵经验中总结出来的注意事项是具普遍意义的，应当得到地形图测绘人员的重视。

2.2.1　测站检查

测站检查是地形测图正确性的保证措施之一，只有杜绝测站上可能发生的错误，才能确保地形图准确无误。测站检查包括测站点的检查和定向的检查。

（1）测站点的检查是检查测站点的平面位置和高程注记的正确性。测站检查是在测站精确安置全站仪，完成测站坐标设置及后视定向后，应立即观测另一个已知控制点的坐标，对比坐标差值是否在误差允许的范围之内（限差为图上0.1mm），以检查测站点及后视定向是否正确，否则应进一步检查错误的原因。

检查测站点高程时，应在测站点检查的同时马上量取仪器高、目标高，并及时输入到仪器中。在观测检查点坐标的同时，也监测其高程，以做对比检查。如差值在误差允许的范围之内（限差为基本等高距的1/5），证明测站点高程注记正确，否则应查找产生不符的原因。

（2）定向正确性检查应在一个测站测图过程中多次进行，以避免出错。这种检查应在工作间隙进行，在测站工作完结前还应做最后一次定向检视。

2.2.2　视距不宜过长

利用全站仪采集坐标数据，地物点、地形点视距和测距的最大长度应符合表3.9的规定。

表3.9　地物点、地形点视距和测距的最大长度　　单位：m

测图比例尺	视距最大长度		测距最大长度	
	地物点	地形点	地物点	地形点
1∶500	—	70	80	150
1∶1000	80	120	160	250
1∶2000	150	200	300	400

注　1. 1:500比例尺测图时，在建成区和平坦地区及丘陵地区，地物点距离应采用皮尺量距或光电测距，皮尺丈量最大长度为50m。

2. 山地、高山地地物点最大视距可按地形点要求。

3. 当采用数字化测图或按坐标展点测图时，其测距最大长度可按上表地形点放大一倍。

2.2.3　适当的碎部点密度

虽然从理论上讲，碎部点越多、越密，地形图就越精确，而实际上过多的点对成图不一定有利。因为过多的点将增大图面的负荷，许多点挤在一堆，反而难以清晰地描绘地形。其基本原则是在确保准确反映地物地貌的前提下，碎部点间距尽可能大一点，但即使在地形很简单的地区，最大间距一般也不要超过图上的 3cm。

2.2.4　适时实地勾绘地形图

地形的变化是十分复杂的，其细微的变化没有规律，测记员必须随测量的进程，依据测绘出的碎部点，面对所测区域及时地勾绘地物、地性线、特殊的地貌及等高线的草图，以做内业绘图修正。

测图过程中必须坚持不了解、不明白的地形不绘，有疑问的碎部点不绘的原则。同时要求测记员应当随时注意观察立镜员的立镜地点及其周围的地形。

2.2.5　合理分工、密切配合

合理分工、密切配合可以充分调动每个成员的技能和积极性，提高整个集体的测图效率。密切配合互通信息，可以提高成图质量。

测绘地形图时，地物综合取舍的目的是在保证用图需要的前提下，使地形图更清晰易读。综合取舍原则的基本指导思想是：除少数特殊的有重要意义的地物之外，一般地物的尺寸小到图上难以清晰表示时，就有必要对其进行综合取舍，而且综合取舍不会给用图带来重大影响。规范对带普遍性的综合取舍作出了明确的规定，如不论比例尺大小，建筑物轮廓凹凸小于图上的 0.4mm,可以舍去凹凸部分，用直线表示其整体轮廓，而一般房屋甚至图上 0.6mm 的凹凸部分都可舍去。

是否综合取舍与比例尺有重大关系，例如规范规定一般 1∶500、1∶1000 的比例尺地形图，房屋不能综合，即每幢房屋都应单独测绘，而 1∶2000、1∶5000 的比例尺地形图可以视具体情况，酌情综合测绘。因此测绘地形图必须熟悉规范的要求。但规范不可能对所有情况作出规定，在很多时候需要测绘人员灵活处理，处理是否得当完全取决于一个测绘技术员的经验与水平。

3　全站仪数据采集

使用全站仪进行野外数据采集是目前最常用的一种方法。在测站点上安置全站仪，量取仪器高，并将气压、温度、棱镜参数及仪器高等信息输入全站仪中，设置测站坐标，利用后视点坐标进行后视定向，即可进行目标点的坐标测量并记录数据，如图 3.17 所示。在采集数据的同时，用草图、笔记或简码等方法记录绘图信息。在内业处理时，将野外测绘数据导出，利用人机交互编辑成图。

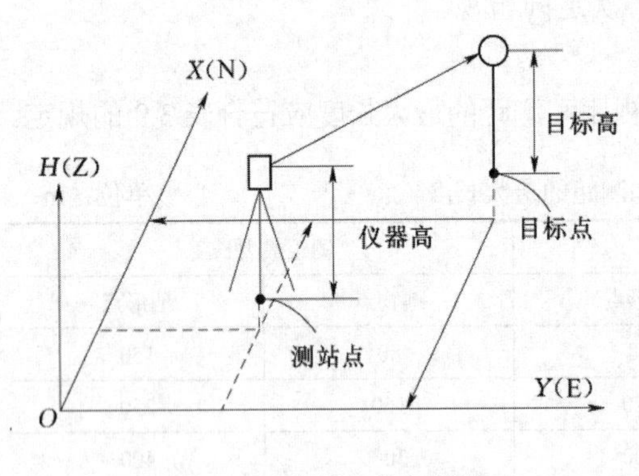

图 3.17　全站仪坐标测量

现以索佳 SET510 全站仪和南方 NTS-A12R10 全站仪为例，介绍一下野外数据采集的操作方法。具体操作步骤见表 3.10 和表 3.11。

表 3.10　　　　　　　　　　索佳 SET510 全站仪坐标测量操作步骤

步骤	操作前序说明	仪器操作界面显示信息	按键操作	备　注
1	开机，显示	SET510　　SOKKIA S/N　　****** Ver.　　***-**-** 　　　***-**-** 文 件 JOB1 测 量　　内 存　配 置	选择“内存”→进入仪器内存	按“ESC”键可显示此界面
2	作业前，应先选定工作文件，以便存储测量数据	内 存 文 件 操 作 已 知 坐 标 代 码 操 作	选定“文件操作”，按“↵”确认	
3	进入工作文件选取状态	文 件 操 作 文 件 选 取 文 件 更 名 文 件 删 除 通 信 输 出 通 信 设 置	选定“文件选取”，按“↵”确认	
4	选定测量数据存储文件	文 件 选 取 :JOB9 S.F.=1.00000000 坐 标 文 件 :JOB2 列表　　S.F.	按“列表”（F1）键，可进入文件列表	上面的文件为测量数据存储文件；下面的文件为已知控制点的坐标存储文件
5	例如将测量数据存储文件设置为 JOB3	文 件 选 取 JOB1　　0 JOB2　　0 JOB3　　0 JOB4　　0 JOB5　　0	利用方向键选定文件，按“↵”确认。	
6		文 件 选 取 :JOB3 S.F.=1.200 坐 标 文 件 :JOB2 列表	利用方向键下移到坐标文件选择项目，按“列表”（F1）键，可进入文件列表，选定控制点的坐标存储文件	测量数据存储文件和控制点的坐标存储文件可为同一文件，也可根据需求设置为不同的文件
7		文 件 选 取 :JOB3 S.F.=1.200 坐 标 文 件 :JOB3 列表　　S.F.		工作文件已经设置完成

续表

步骤	操作前序说明	仪器操作界面显示信息	按键操作	备　注
8	按“ESC”键，返回操作界面首页	SET510　SOKKIA S/N　****** Ver.　***_**_** ***_**_** 文件 JOB1 测量　内存　配置	按“测量”（F1）键，可进入测量工作模式	
9	进入菜单模式	测量　棱镜常数　-30 PPm　8 H-0 ZA　119°52′23″ HAR　135°45′34″　P2 菜单　线路　设角　EDM	按“菜单”（F1）键，可进入菜单工作模式	若操作界面没有显示“菜单”项，可按“FUNC”键进行翻页
10	选择坐标测量功能	常用菜单 坐标测量 放样测量 偏心测量 重复测量 对边测量	选定“坐标测量”，按“↵”确认	
11	需准备测站的坐标数据	坐标测量 测站定向 测量 EDM	选定“测站定向”，按“↵”确认	
12		坐标测量 测站坐标 后视定向	选定“测站坐标”，按“↵”确认	
13		N0:　56.000 E0:　34.000 点　166 仪器高:　3.650 m 目标高:　3.000 m 调取　记录　编辑　OK	按“编辑”（F3）键，可输入测站坐标	
14		N0:　56.000 E0:　34.000 Z0:　2.300 仪器高:　3.650 m 目标高:　3.000 m 1　2　3　4	分别输入测站 *XYZ* 三维坐标及仪器高、棱镜高等数据，按“↵”确认	按“FUNC”键翻页选择数字，利用方向键可切换输入项
15		N0:　21000.000 E0:　35000.000 Z0:　120.000 仪器高:　1.565 m 目标高:　1.500m 调取　记录　编辑　OK	按“OK”（F4）键，返回上一层菜单	应重点检查测站坐标、仪器高及棱镜高等数据是否输入正确。按“记录”可保存测站数据

续表

步骤	操作前序说明	仪器操作界面显示信息	按键操作	备　注
16		坐标测量 测站坐标 后视定向	选定“后视定向”，按“↵”确认	
17		后视定向 角度定向 坐标定向	选定“坐标定向”，按“↵”确认	若选择“角度定向”，则需输入后视方位角，其格式为“d.mmss”
18		后视坐标 NBS: 21035.000 EBS: 34986.000 ZBS: 115.000 调取 OK	按“编辑”（F3）键，分别输入后视点 *XYZ* 三维坐标数据，按“↵”确认。按“OK”（F4）键继续操作	重点提示：确认后视点坐标后，界面将再一次显示测站坐标信息以供检查，请仔细核对，若无误，按“OK”（F4）键继续操作
19		后视定向 后视读数 ZA 147°32′11″ HAR 249°36′40″ NO YES	准确瞄准后视点，按“YES”（F4）键完成测站定向	完成测站定向后，即可进行碎部点的坐标测量
20	按“ESC”键，返回上一层操作界面	坐标测量 测站定向 测量 EDM	准确瞄准碎部点上的棱镜，选择“测量”，按“↵”确认，即可测定碎部点的三维坐标	重点提示：建议先测量第三个控制点的坐标，以作检查
21		N: 20941.221 E: 35080.902 Z: 118.323 ZA: 92°6′29″ HAR: 100°00′00″ 观测 仪器高 记录	若数据无误，按“记录”（F4）键保存测量数据	
22		N 20941.221 E 35080.902 Z 118.323 点 3 目标高 2.000 m OK	若点号显示不正确，可按“编辑”输入点号，按“↵”确认。按“OK”（F1）键完成存储记录	若棱镜的高度发生改变，需修改仪器中“目标高”的数值
23		N: 20941.221 E: 35080.902 Z: 118.323 ZA: 92°6′29″ HAR: 100°00′00″ 观测 仪器高	瞄准下一个碎部点，按“观测”（F1）键继续测量坐标	这种模式下，测量数据的记录均需手动操作。若需使用自动记录，则需进行后续步骤的操作

续表

步骤	操作前序说明	仪器操作界面显示信息	按键操作	备　注
24	完成以上坐标操作及观测点号的设置，多次按动“ESC”键，返回测量功能的界面	测量　棱镜常数 -30 PPm 8 H-A 1.852 m ZA 147°32′11″ HAR 338°11′55″ P3 对边 偏心 记录 放样	按“FUNC”键进行翻页，出现“记录”选项。按“记录”（F3）键进入数据存储操作	
25		记录　JOB3 测站数据 定向数据 角度数据 距离数据 坐标数据	选定“坐标数据”，按“↵”确认	
26		坐标记录　记录 9389 N 20941.221 E 35080.902 Z 118.323 点 67 自动 观测 偏心	瞄准碎部点的棱镜，按“自动”（F1）键即可自动观测及记录测量数据	提示：若需切换手工记录，可按“观测”（F1）键进行手工记录操作
27		坐标记录　记录 9387 N 20941.221 E 35080.902 Z 118.323 点 69 记录结束	仪器自动完成观测记录工作	

表 3.11　南方 NTS-A12R10 全站仪数据采集操作步骤

任务	步骤	操　作	仪器屏幕显示信息	备注
新建工程	1	点击“安卓全站仪”图标，进入全站仪功能操作		长按全站仪电源键开机，全站仪正常启动后的安卓界面
	2	点击“工程”图标，新建一个工程	default 测量 建站 采集 放样 工程 计算 程序 设置	
新建工程	3	在工程列表中点击右下角“⊕”图标	工程列表 default 19-06-18 13:01:56	
	4	输入工程名称等信息，点击“确定”按键	新建工程 名称 ch001 作者 001 注释 取消 确定	

续表

任务	步骤	操　作	仪器屏幕显示信息	备注
新建工程	5	工程列表中出现新建的工程名称“ch001”	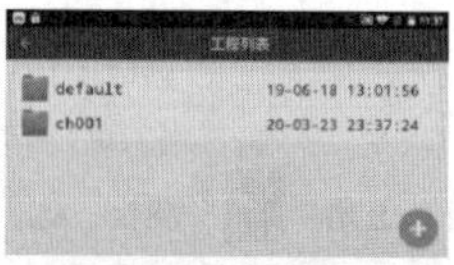 工程列表 default 19-06-18 13:01:56 ch001 20-03-23 23:37:24	
	6	双击“ch001”工程名称，屏幕顶部出现“ch001”工程名称，进入该工程	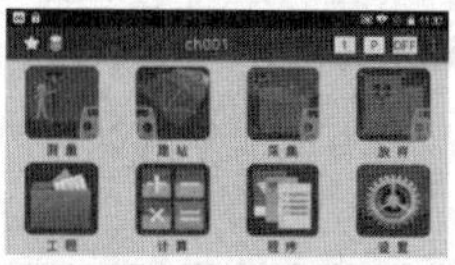 ch001 测量 建站 采集 放样 工程 计算 程序 设置	
坐标数据导入	1	点击屏幕左上角“ ”图标，进入数据查阅界面	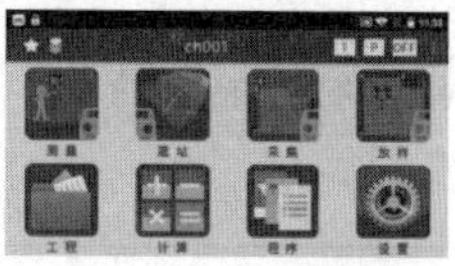 ch001 测量 建站 采集 放样 工程 计算 程序 设置	将准备好的坐标文件复制到U盘，U盘存储格式必须为FAT32，方便安卓系统识别及读取
	2	点击 “坐标数据”选项卡，点击右上角“ ”图标，点击“导入数据”子菜单	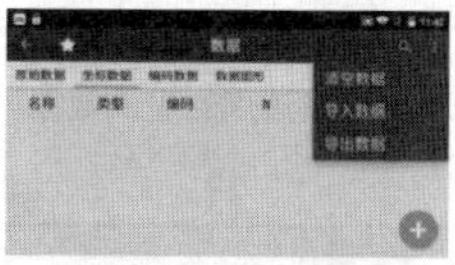 数据 原始数据 坐标数据 编码数据 数据图形 名称 类型 编码 N 清空数据 导入数据 导出数据	
	3	点击“文件选择”按键	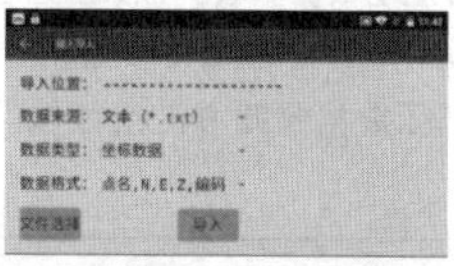 导入位置：-------------------- 数据来源：文本（*.txt） 数据类型：坐标数据 数据格式：点名,N,E,Z,编码 文件选择 导入	
	4	在文件选择界面中，选择“U盘”选项卡，选择“ch001.txt”文件	 内存 U盘 LOST.DIR .android_secure System Volume Information ch001-CASS.txt ch001.txt	
	5	点击“导入”按键，可看到导入数据成功的提示信息，点击屏幕左上角“ ”图标，可返回“数据”查看界面	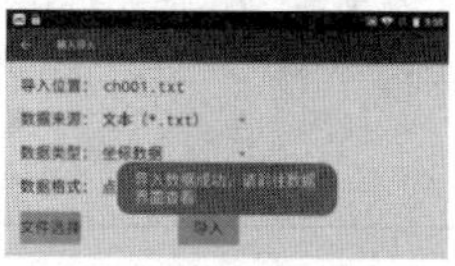 导入位置：ch001.txt 数据来源：文本（*.txt） 数据类型：坐标数据 数据格式：点 文件选择 导入	
	6	左右拖动数据查看界面，检查坐标数据是否正确导入，点击“数据图形”选项卡，可查看控制点位置图形	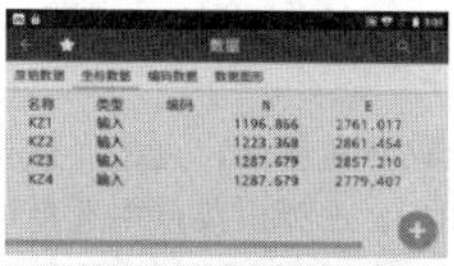 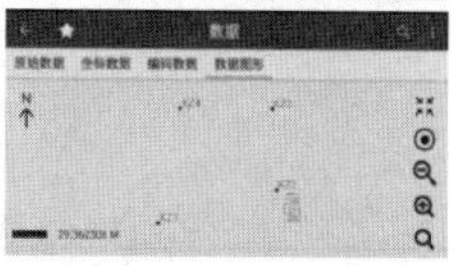 数据 原始数据 坐标数据 编码数据 数据图形 名称 类型 编码 N E KZ1 输入 1196.866 2761.017 KZ2 输入 1223.368 2861.454 KZ3 输入 1287.679 2857.210 KZ4 输入 1287.679 2779.407 数据 原始数据 坐标数据 编码数据 数据图形 N	
	7	坐标数据检查无误后，点击屏幕左上角“ ”图标，返回全站仪主界面	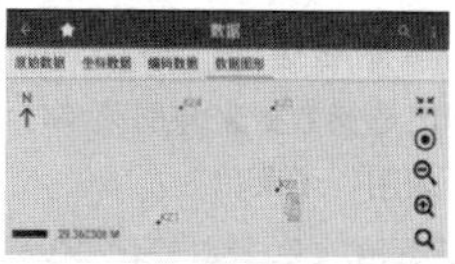 数据 原始数据 坐标数据 编码数据 数据图形 N	

续表

任务	步骤	操　作	仪器屏幕显示信息	备注
数据删除		点击右上角“⋮”图标，选择“清空数据”子菜单，按提示进行操作，即可清除坐标数据	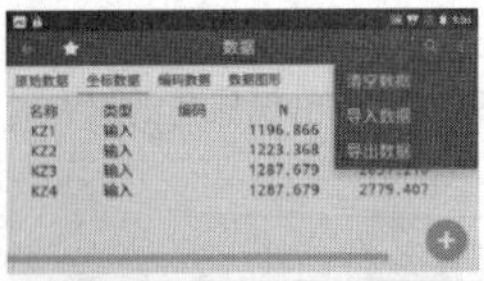 	若导入的坐标数据有错误，需要清除数据，长按某行数据，可删除该点数据
手工输入数据	1	在“坐标数据”选项卡界面上，点击屏幕右下角“+”图标	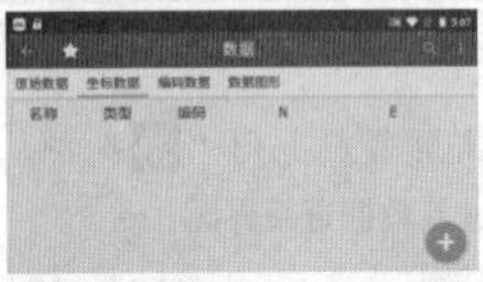	若控制点数据不多或现场条件所限，无法导入坐标数据时，可以手工输入控制点坐标数据
	2	依照弹出的输入窗口，输入控制点数据，完成后点击“确定”按键，即可完成该点的坐标数据录入	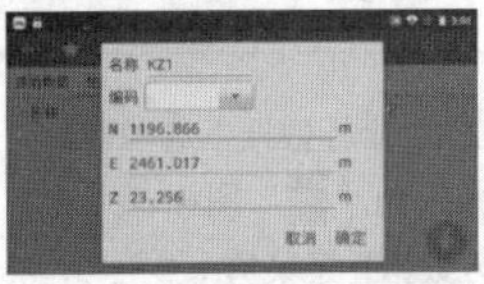	
	3	左右拖动数据查看界面，检查坐标数据是否正确录入，其他控制点坐标数据照此方法继续输入	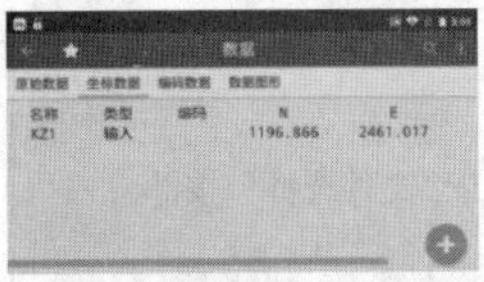	
设置反射目标		点击主界面右上角“NO”图标，设置全站仪反射目标为棱镜，常数-30.0mm 为棱镜参数默认值，无需改动，设置完成后返回主界面	 	设置全站仪反射目标类型及参数
建站	1	在全站仪主界面，点击“建站”图标，在弹出菜单中选择“已知点建站”子菜单	 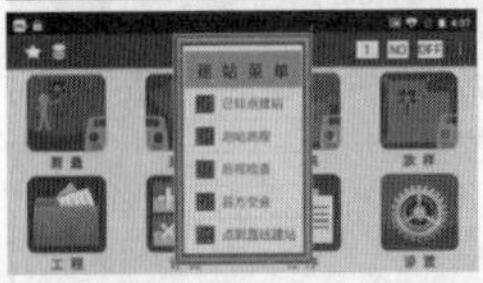	控制点 KZ1 为测站点，KZ2 设为后视点。在控制点 KZ1 上安置全站仪，对中整平，用钢卷尺量取仪器高，记录到 mm，如：1.528m；调整对中杆棱镜的高度，称为镜高，记录到 mm，如：1.500m
	2	点击测站右边的“+”按键，弹出选择数据来源的菜单，点击“调用”子菜单	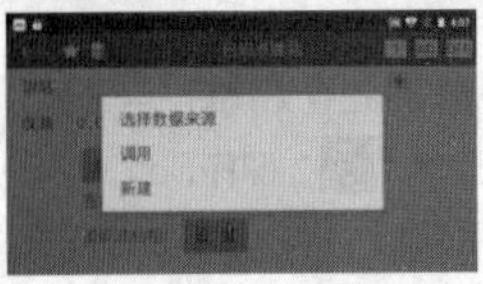	

续表

任务	步骤	操　作	仪器屏幕显示信息	备注
建站	3	在控制点列表中，选择点号 KZ1，点击“确定”按键，返回“已知点建站”界面	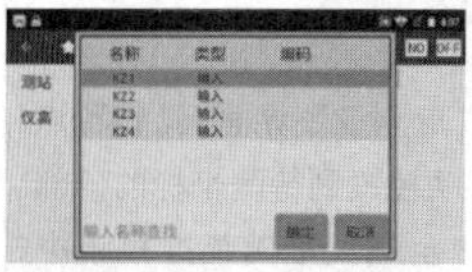 名称 类型 编码 KZ1 输入 KZ2 输入 KZ3 输入 KZ4 输入	
	4	在“仪高”栏输入全站仪高度 1.528m，在“镜高”栏输入棱镜高度 1.500m，点击“后视角”按键，切换为“后视点”选择状态	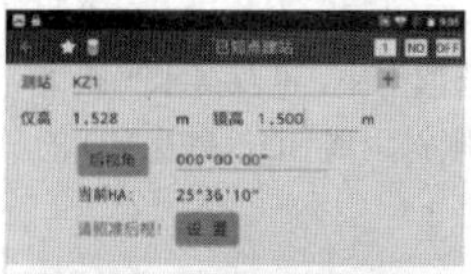 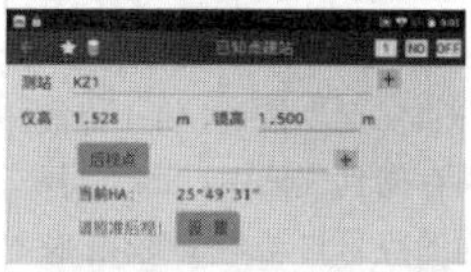 测站 KZ1 仪高 1.528 m 镜高 1.500 m 000°00′00″ 当前HA: 25°36′10″ 测站 KZ1 仪高 1.528 m 镜高 1.500 m 当前HA: 25°49′31″	
	5	点击“后视点”右边的“+”按键，按测站调用控制点的方法，调用点号 KZ2 为后视点	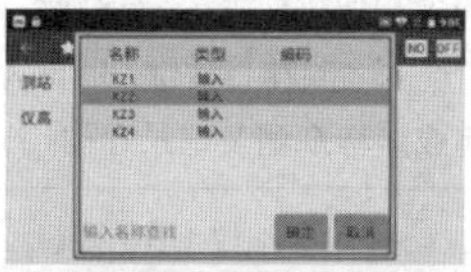 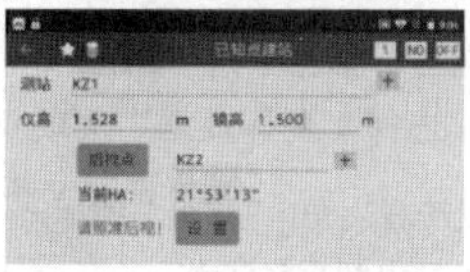 名称 类型 编码 KZ1 输入 KZ2 输入 KZ3 输入 KZ4 输入 测站 KZ1 仪高 1.528 m 镜高 1.500 m KZ2 当前HA: 21°53′13″	
	6	★此步骤非常重要，转动全站仪，调整目镜及物镜，精确瞄准控制点 KZ2，检查无误后，点击“设置”按键，显示“建站完成”提示信息	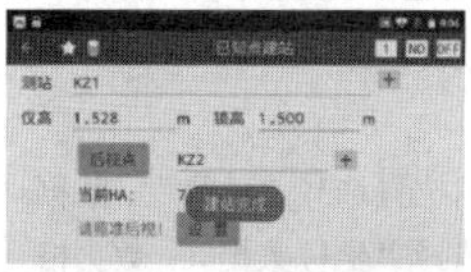 测站 KZ1 仪高 1.528 m 镜高 1.500 m KZ2 当前HA:	
后视检查	1	进行后视检查，在全站仪主界面，点击“建站”图标，在弹出菜单中选择“后视检查”子菜单。	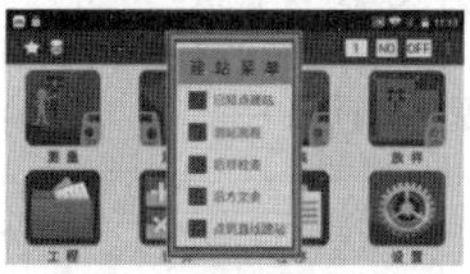	
	2	点击“测量”按键，显示所调用的后视点 KZ2 的坐标及高程，棱镜置于后视点 KZ2 上，全站仪精确瞄准棱镜中心，继续点击“测量”按键，若建站正确，测量值与设置值的差值为 0，建站正确，返回全站仪操作主界面	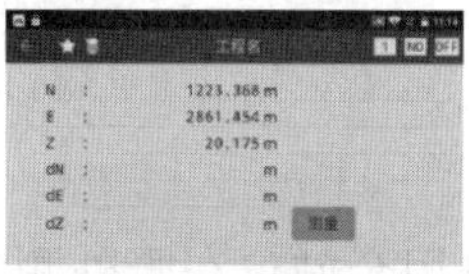 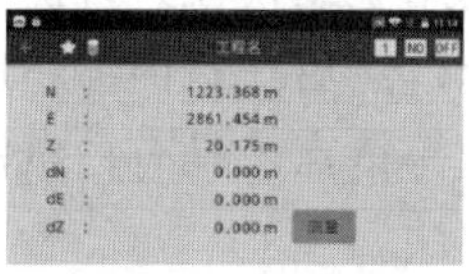 N : 1223.368 m E : 2861.454 m Z : 20.175 m dN : m dE : m dZ : m N : 1223.368 m E : 2861.454 m Z : 20.175 m dN : 0.000 m dE : 0.000 m dZ : 0.000 m	若测量值与设置值的差值较大，需检查原因并重新建站
坐标数据采集	1	点击主界面“采集”图标，弹出采集菜单，点击“点测量”子菜单，进入“点测量”操作界面	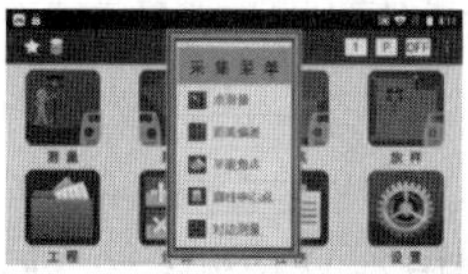	建站操作完成后，经后视检查，建站正确，可进行碎部点坐标采集

续表

任务	步骤	操　作	仪器屏幕显示信息	备注
坐标数据采集	2	在“点测量”界面上，设置点名，移动棱镜到待测坐标的碎部点上，全站仪准确瞄准棱镜中心，点击“测距”按键，在“测量”选项卡中，可获得水平距离HD、倾斜距离SD，高差VD的测量值	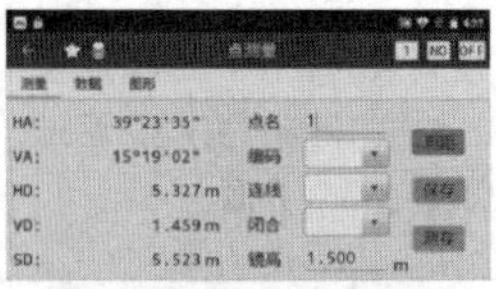 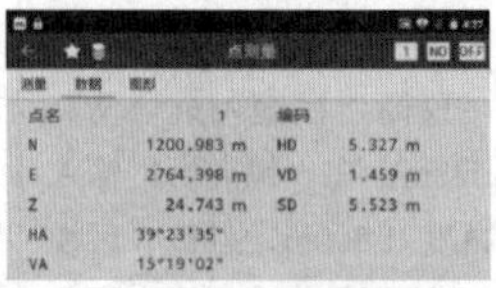	点击“数据”选项卡，可查看当前观测点的坐标及高程等信息，可检查数据是否正确；点击“图形”选项卡，可以查看观测点的位置
	3	点击“保存”按键，将1点测量结果存储到仪器中。此时，操作界面的点号自动增量变化，移动棱镜到其他碎部点，全站仪瞄准后，点击“测存”按键，即可自动完成坐标观测及记录存储	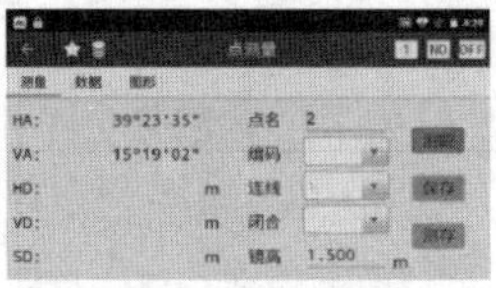	若测量数据无误，则返回“测量”选项卡，进行数据保存
坐标文件导出	1	将U盘插入全站仪USB接口中，点击屏幕左上角“ ”图标，选择“坐标数据”选项卡，点击右上角 “ ”图标，选择“导出数据”子菜单	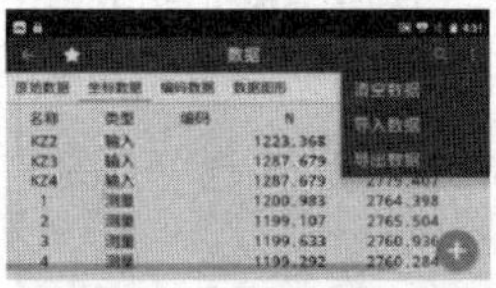	碎部点坐标采集工作完成后，应及时导出全站仪中的坐标文件，以免丢失或破坏
	2	导出位置选择“U盘”，数据类型选择“坐标数据”，数据格式选择“Cass”，点击“导出”按键，即可将Cass格式的坐标文件存储到U盘上	 	

4　数字测记模式

数字测记模式就是用全站仪在野外测量地形特征点的定位信息时，同时记录下测点的几何信息及其属性信息，然后在室内编辑成图。测记模式作业具有采集设备轻便，作业效率高，野外工作时间短等特点，具有白纸测图经验的作业人员很容易掌握，是目前数字化测图工作的主要作业方法。

针对记录几何信息和属性信息的不同方法，数字测记模式可分为草图法和编码法两种作业方法。

4.1　草图法作业

草图法作业就是利用全站仪测定碎部点三维坐标，并将数据自动记录在内部存储器中，手工绘制现场地形地貌的草图，将各碎部测量点上的点号记录在草图的相应位置上，并注记地物地貌，明确点位属性信息及连接关系，供内业人机交互编辑成图。草图记录的内容主要有地物的相对位置、地貌的地性线、点名、丈量距离记录、地理名称和说明注记等。草图上应附注测站点及后视点的信息、北方向、绘制时间、绘图员姓名等资料。草图的点号和测量记录的点号应严格保持一致。草图的绘制要遵循清晰、易读、相对位置准确、比例尽可能一致的原则。草图法的优点是用示意图记录点的属性及与其他点的关系，形象、直观，无需记忆编码规则，外业作业速度快，劳动强度低，并且一旦出现错误时，根据草图也便于分析、查找原因。缺点是内业编图工作量较大，花费时间长。作为内业图形信息编码的依据，草图应能清楚地表明每个地物轮廓上地物点的连接关系和地物之间的大致位置。有些不能在测站上直接测量的地物点，可根据已知点通过丈量距离计算其坐标。

草图示例如图 3.18 所示，图中为某测区在测站 D20 上施测的部分点。另外，在野外采集时，能测到的点要尽量测，实在测不到的点可利用皮尺或钢尺量距，将丈量结果记录在草图上；室内用交互编辑方法成图，或利用电子手簿的量算功能及时计算这些直接测不到的点的坐标。

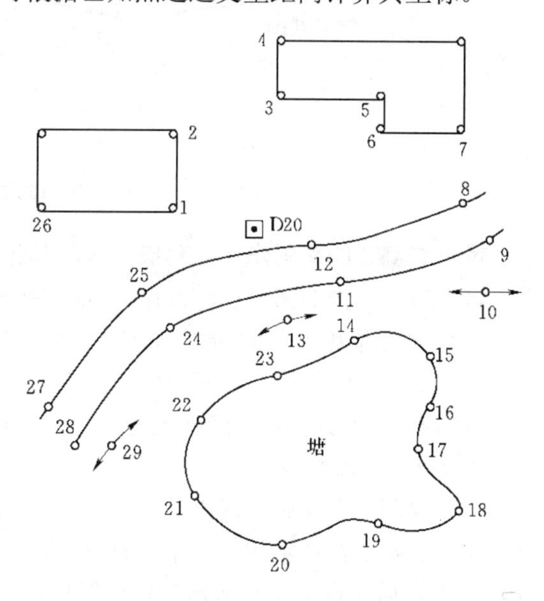

图 3.18　现场草图

在进行地貌采点时，可以用一站多镜的方法进行。一般在地性线上要有足够密度的点，特征点也要尽量测到。例如在山沟底测一排点，也应该在山坡边再测一排点，这样生成的等高线才真实。测量陡坎时，最好坎上坎下同时测点或准确记录坎高，这样生成的等高线才没有问题。在其他地形变化不大的地方，可以适当放宽采点密度。

在一个测站上所有的碎部点测完后，要找一个已知点重测，进行检核，以检查施测过程中是否存在因误操作、仪器碰动或出故障等原因造成的错误。检查完，确定无误后，关掉仪器电源、中断电子手簿、关机、搬站。到下一测站，重新按上述采集方法和步骤进行施测。

野外数据采集，由于测站离测点可以比较远，观测员与立镜员之间的联系通常离不开对讲机。仪器观测员要及时将测点点号告知测记员，使草图标注的点号或记录手簿上的点号与仪器观测点号一致。若两者不一致，应查找原因，是漏测还是多测，或是一个位置重复测量等，必须及时更正。

4.2　编码法作业

编码法作业是在测定碎部点的定位信息的同时，需根据一定的编码规则，输入简编码，描述测点的几何关系和属性。带简编码的数据经内业识别，自动转换为绘图程序内部码，可以实现自动绘图。编码法的优点是内业成图编辑工作量较小，作业效率高；缺点是要熟记编码及规则，野外作业速度稍慢。在测区地形复杂、通视不好，地形、地物测量不连贯，或测量非典型的复杂地形、地物时，编码处理困难，特别是出现错误时，难以发现与纠正。

使用编码作业进行数据采集时，现场对照实地输入野外操作码（也可自己定义野外操作码，内业编辑索引文件），图 3.19 中点号旁的括号内容为每个采集点输入的操作码。

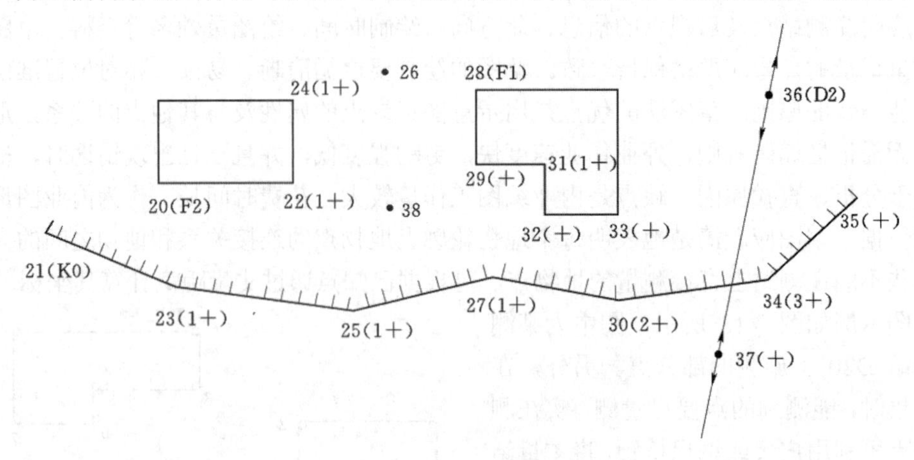

图 3.19　编码操作示意图

对于 CASS 的简码作业，其操作码的具体使用规则如下。

（1）对于地物的第一点，操作码=地物代码。

（2）连续观测某一地物时，操作码为“+”或“-”。

（3）交叉观测不同地物时，操作码为“n+”或“n-”。其中 n 表示该点应与以上 n 个面的点相连（n=当前点号-连接点号-1，即跳点数）。还可用“+A$”或“-A$”标识断点。“A$”是任意助记字符。

（4）观测平行体时，操作码为“p”或“np”。其中，“p”的含义为通过该点所画的符号应与上点所在地物的符号平行且同类，“np”的含义为通过该点所画的符号应与以上跳过 n 个点后的点所在的地物符号平行且同类，对于带齿牙线的坎类符号，将会自动识别是堤还是沟。若上点或跳过 n 个点后的点所在的符号不为坎类或线类，系统将会自动搜索已测过的坎类或线类符号的点。因而，用于绘平行体的点，可在平行体的一“边”未测完时测对面点，亦可在测完后接着测对面的点，还可在加测其他地物点之后，测平行体的对面点。

（5）若要对同一点赋予两类代码信息，应重测一次或重新生成一个点，分别赋予不同的代码。

5　电子平板模式

电子平板法数字测图就是将装有测图软件的便携机或掌上电脑用专用电缆在野外与全站仪相连，把全站仪测定的碎部点实时地传输到电脑并展绘在屏幕上，用软件的绘图功能，现场边测边绘。电子平板法数字测图的特点是直观性强，在野外作业现场“所测即所得”；若出现错误可及时发现并立即修改。

5.1　CASS 电子平板法野外数据采集

CASS 测图系统是基于 AutoCAD 平台上开发的测绘软件。CASS 电子平板就是利用

CASS 屏幕菜单中的“电子平板”功能在野外测绘地图，其主要作业流程包括输入控制点坐标、设置通讯参数、测站设置、碎部测图。

5.1.1　测图前的准备工作

进行碎部测图之前，一般先在室内“编辑文本”状态录入测区的控制点坐标。在野外测站点先安置全站仪，并用专用电缆将便携机与全站仪相连，启动 CASS 软件。当设置好全站仪的通讯参数后，在主菜单选取“文件”中的“CASS 参数配置”屏幕菜单项后，再选择“电子平板”选项，出现如图 3.20 所示的对话框，选定所使用的全站仪类型，并检查全站仪的通信参数与软件中的设置是否一致，确认后单击“确定”按钮。若“地物绘制”“高级设置”等参数没有设定，还要进一步设置，以便后面测图。

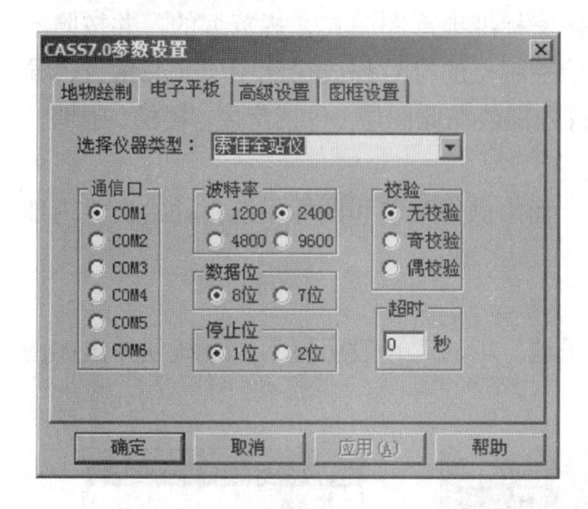

图 3.20　CASS 参数设置

先用已知坐标数据文件“定显示区”，再单击屏幕菜单“电子平板”项（图 3.21），弹出如图 3.22 所示的对话框，输入测站设置有关信息。若事前已经在屏幕上展出了控制点，则直接单击“拾取”按钮，再在屏幕上捕捉作为测站、定向点的控制点；若屏幕上没有展出控制点，则手工输入测站点点号及坐标、定向点点号及坐标、定向起始值、检查点点号及坐标、仪器高等参数。然后单击“检查”按钮，弹出检查信息。用全站仪照准定向点，设置定向起始角度，通常为 $0°00'00''$，再照准检视点，查看全站仪显示的水平角与检查角值是否相符，一般在 $20''$ 以内便可开始测图。最后单击“确定”按钮，完成测站设置。

说明： 仪器高指现场观测时架在三脚架上的全站仪中点至地面图根点的距离，以米为单位。检查点是用来检查该测站与检查点之间的相互关系，系统根据测站点和检查点的坐标反算出测站点与检查点的方向值（该方向值等于由测站点瞄向检查点的水平角读数）。这样，便可以检查出坐标数据是否输错、测站点是否给错或定向点是否给错。

图 3.21　坐标定位菜单

图 3.22　CASS 测站设置

5.1.2　测图操作

当测站的准备工作都完成后，即可进行碎部点的采集、测图工作。测图员通过点击CASS屏幕右侧菜单，选择相应的测绘项目，CASS 系统通过数据端口向全站仪发出操作指令，驱动全站仪自动完成观测动作并将数据传输至 CASS 软件，屏幕上将自动绘制对应地物符号，可实现“所测即所得”。

CASS 系统中所有地形符号都是根据最新国家标准地形图图式、规范编的，并按照一定的方法分成各种图层，如控制点层：所有表示控制点的符号都放在此图层（三角点、导线点、GPS 点等）；居民地层：所有表示房屋的符号都放在此图层（包括房屋、楼梯、围墙、栅栏、篱笆等符号）。

在 CASS 测图系统，不需要输入“编码”，而由操作菜单和图标系统自动给出“内部编码”，供计算机自动绘图用。

现介绍四点房测量方法的操作。

（1）移动鼠标在屏幕右侧菜单中选取“居民地”项的“一般房屋”，系统便弹出如图 3.23 所示的对话框。

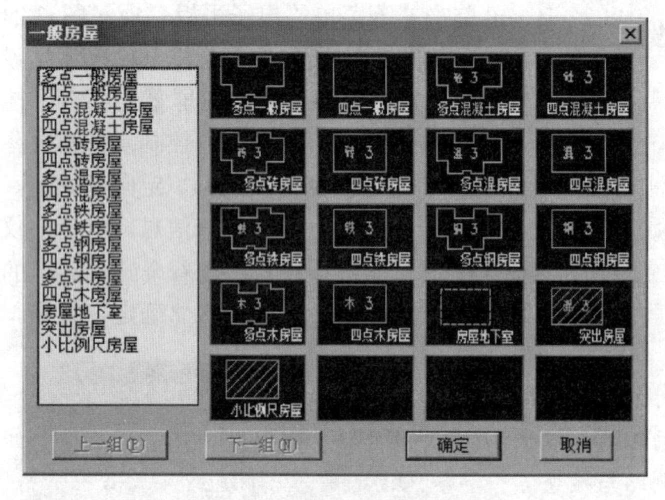

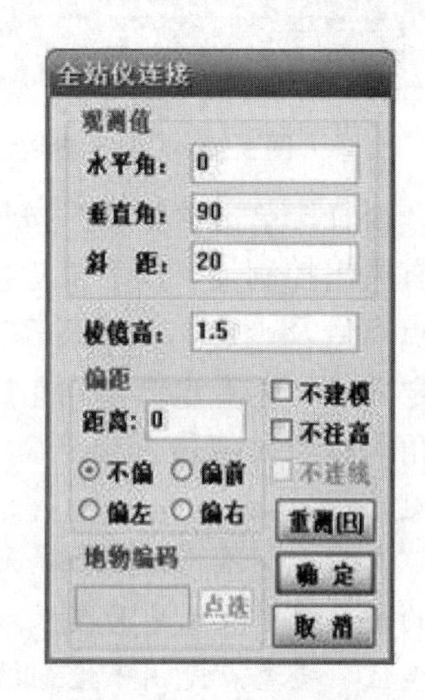

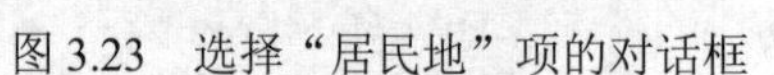
图 3.23　选择“居民地”项的对话框

图 3.24　“全站仪连接”窗口

（2）移动鼠标到表示“四点房屋”的图标处按鼠标左键，被选中的图标和汉字都呈高亮度显示。然后按“确定”按钮，弹出“全站仪连接”窗口，如图 3.24 所示。

（3）系统驱动全站仪测量并返回观测数据。当系统接收到数据后，便自动在图形编辑区将表示简单房屋的符号展绘出来，如图 3.25 所示。

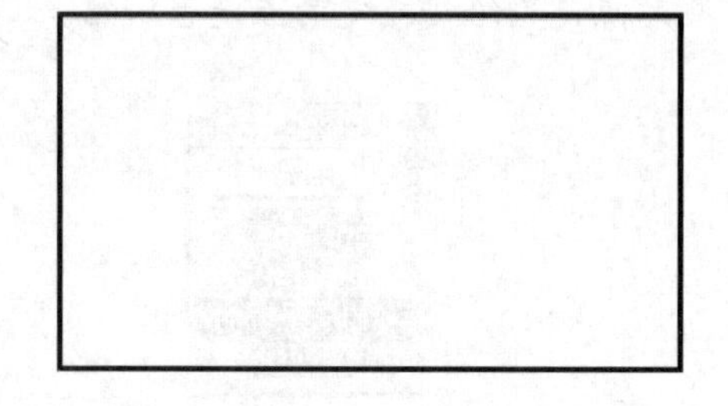
图 3.25　展绘出简单房屋的符号

5.1.3　使用 CASS 电子平板法的注意事项

（1）当测三点房时，要注意立镜的顺序，必须按顺时针或逆时针方向立镜。

（2）当测辅助符号（如陡坎的毛刺）时，辅助符号生成在立镜前进方向的左侧。如果方向与实际相反，可用“线型换向”功能换向。

（3）测陡坎时要在坎顶立镜，并量取坎高。

（4）镜高的默认值为上一次的值。当因通视等原因，需要变动镜高时，要及时输入镜高。当测某些不需参与等高线计算的地物（如房角点）时，在观测控制面板上选择不建模选项。

（5）跑尺员在野外立镜时，尽可能将同一地物编码的地物连续立镜，以减少在计算机上来回切换。

（6）如果图面上已经存在某实体，可以用“图形复制（F）”功能绘制相同的实体，这样就避免了在屏幕菜单中查找的麻烦。

（7）如果某地物还没测完就中断了，转而去测另一个地物，可利用“加地物名”功能添加地物名备查，待继续测该地物时利用“测单个点”功能下的“输入要连接本点地物名”项继续连接测量，即多棱镜测量。

（8）测图过程中，为防止意外应该每隔 20～40min 进行一次存盘操作，这样即使在中途因特殊情况出现死机，也不致前功尽弃。

（9）测碎部点的定点方式分全站仪定点和鼠标定点两种，可通过屏幕菜单的“方式转换”项切换。全站仪定点方式是根据全站仪传来的数据算出坐标后成图；鼠标定点方式是利用鼠标在图形编辑区内直接绘图。

5.2　测图精灵野外数据采集

测图精灵（Mapping Genius）是南方测绘仪器公司全新推出的野外测绘数据采集及成图一体化软件。它充分发挥了电子平板与传统电子手簿的优点，实现了坐标、图形、属性数据的同步采集、现场成图，同时具备实用的图形绘制与编辑功能，做到了真正的内外业一体化。它具有可视化界面、人性化设计，操作简单，携带方便，是目前最为理想的野外测绘数据采集及成图工具。

利用掌上通测图精灵测量地形图时，通过通信电缆将全站仪和掌上电脑连接起来，在测图精灵中选择相应的仪器类型和波特率。测量附有属性的点时，由掌上电脑发出测量指令，由全站仪测出斜距，并将水平角、垂直角、斜边传至测图精灵，按确认后由测图精灵自动展点并连成相关地物。依次对图框内地物、地貌碎部点测量并绘制，并可将测绘成果资料保存于掌上电脑中。使用测图精灵测图的步骤如下。

5.2.1　新建图形

点击开始菜单下的测图精灵图标，进入测图精灵主界面。点击“文件”菜单下的“新建图形”，创建一个作业项目。此时作业项目尚未取名，图形信息将自动保存在临时文件 spdatemp.spd 中，为了能使所测的图形数据实时保存下来，最好先将工程命名保存（如 AA.spd）。

5.2.2　控制点输入

施测之前要先输入控制点。控制点的输入有两种方式：手工输入和自动录入，以手工输入方式为例来讲解控制点输入的步骤。

点击“文件”→“坐标输入”→“手工输入菜单”，弹出坐标输入对话框，如图 3.26 所示。

在类别栏里输入该点的属性；编码栏供用户输入自定义编码。注意：点号自动累加，不能人工干预。

输入控制点数据后，再点击⊕可将控制点展绘在屏幕上，如图3.27所示。

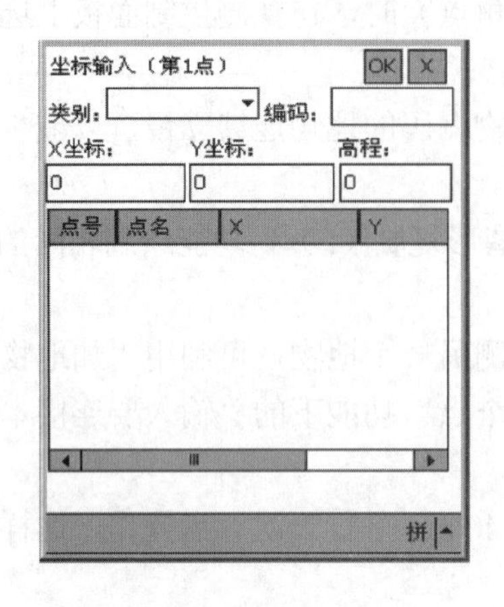

图3.26　坐标输入对话框

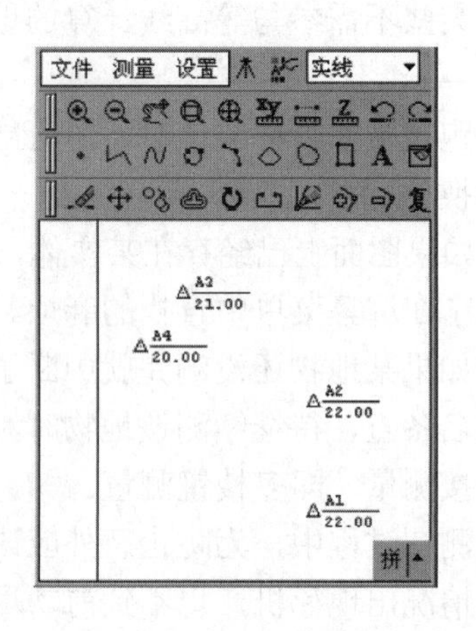

图3.27　控制点展绘图

5.2.3　测站定向

依次点击菜单："测量"→"测站定向"，则会弹出一个对话框，如图3.28所示，测站定向提供了两种方式：点号定向和方位角定向，此处选择"点号定向"方式。

在"测站定向"对话框中，分别输入测站点点号、定向点点号、起始角、仪器高，如果需要对测站点和定向点进行检核，则需要输入检核点点号，然后按"确定"键。其中测站点及定向点的输入既可通过数字键盘输入，也可用辅助笔直接捕捉屏幕上的点来输入。

点击"确定"按钮，测站定向完成，此时可以在屏幕上看到有一个⊞（测站点）和一个⊡（定向点）符号标示，如图3.29所示。

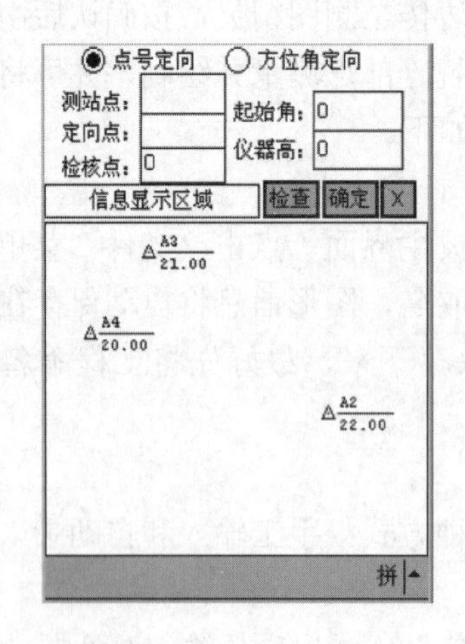

图3.28　测站定向对话框

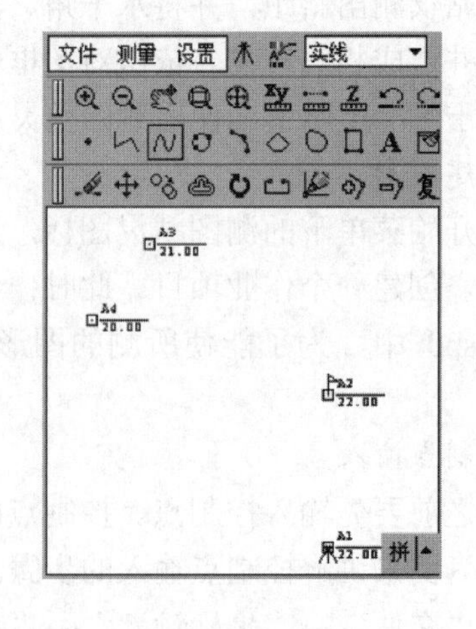

图3.29　测站定向标示

5.2.4　连接全站仪

接下来选择连接的全站仪类型和设置通信参数。这里以索佳全站仪为施测仪器。

依次点击菜单：“设置”→“仪器设置”，就会弹出全站仪设置对话框，如图 3.30 所示。

在仪器显示下拉框中选择所使用的全站仪，并设置好通讯参数（全站仪的通讯参数与此参数一致），包括波特率、校验位、停止位和字长，设置完后按“OK”键返回。

注意：

（1）选择全站仪类型后，软件会启用对应该全站仪的默认通讯参数，若用户有特别需要，可自行设置。

（2）选择手控时需要在掌上平板中点击距离测量和读取数据按钮来读取全站仪数据，而选择单次和连续时可直接通过测图精灵控制全站仪测量并传输数据。

5.2.5　启动掌上平板开始测量

点击第一排工具栏上的“[图标]”图标进入掌上平板测量，如图 3.31 所示。

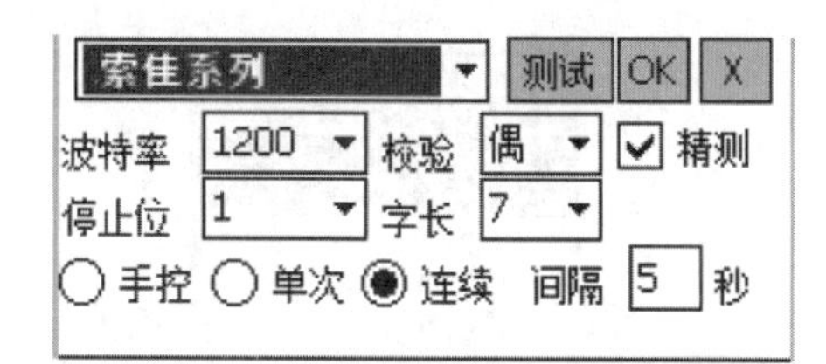

图 3.30　全站仪设置对话框

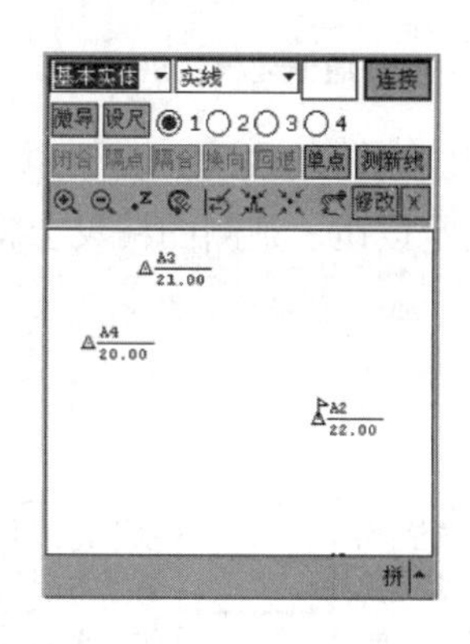

图 3.31　掌上平板对话框

（1）第一步：首先选择地物所在的图层，再设置该地物的属性。现以测一个房屋为例，先在第一个下拉窗内选择居民地层，如图 3.32 所示，然后在第二个下拉窗内选择简单房屋，如图 3.33 所示。第三个窗口就会自动显示该地物的简编码，当直接输入地物的简编码时前面的下拉窗会自动地显示为简码所对应的地物属性，例如输入“f0”，则前两栏属性自动变为“一般房屋”。

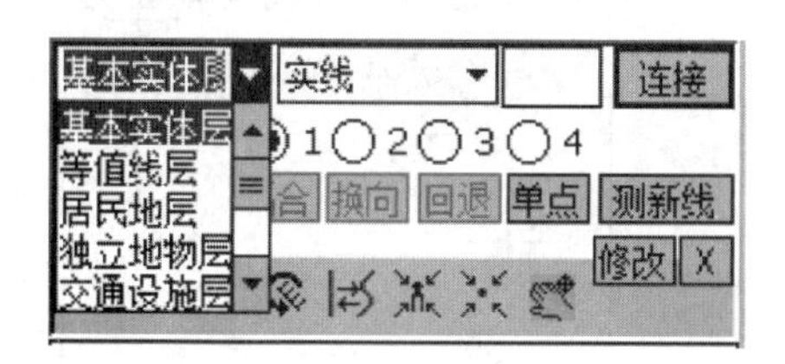

图 3.32　图层下拉框

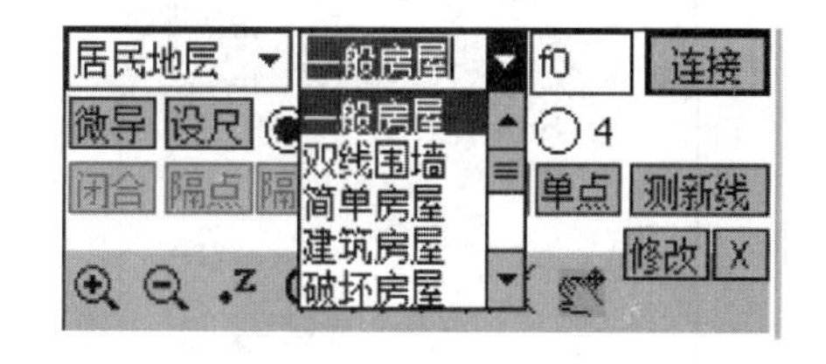

图 3.33　属性下拉框

注意：为了提高效率，一般通过在第三个窗口输入简编码方式来设置地物属性。

简编码可以自己设置，用户只需打开软件安装盘中“JCODE.DEF”文件，修改地物的简编码即可。

属性对话框中常用的地物（使用过的地物）符号会自动前排。

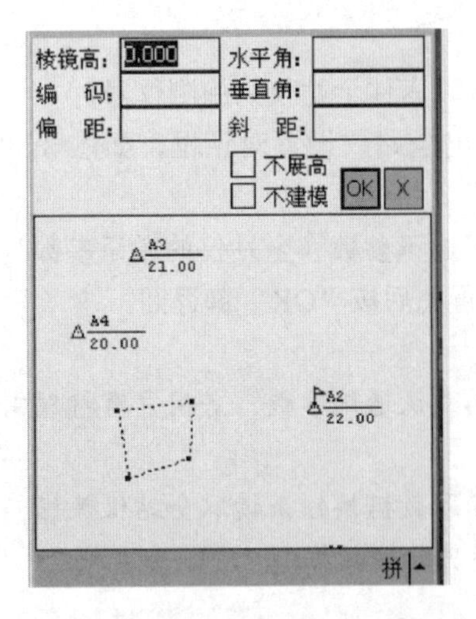

图 3.34　同步通信面板（SCB）

（2）第二步：选择设尺为“1”，点击测新线，然后点击连接，进入同步通讯面板（SCB），如图 3.34 所示。

在同步通信面板中，水平角、垂直角、斜距栏内将同步显示全站仪所测得的数值。如图 3.35 所示。

棱镜高及编码由用户输入。如果选择不展高，则在图上不展绘高程；如果选择不建模，则所测得的点导入 CASS 后不参与构建 DTM 模型。

按“OK”键保存该点数据，同时返回到掌上平板测量。此时可看到测得的第 7 点，如图 3.36 所示。

然后依次测得第 8、第 9 点，如图 3.37 所示。

此时房屋三点已测好，点击“隔合”键，则房屋自动隔一点闭合，如图 3.38 所示。

测图完成后，依次点击菜单：“文件”→“保存图形”，在弹出对话框中输入 AAA 后点击确定按钮，则测图精灵会将 AAA.SPD 保存在 my document 目录下。

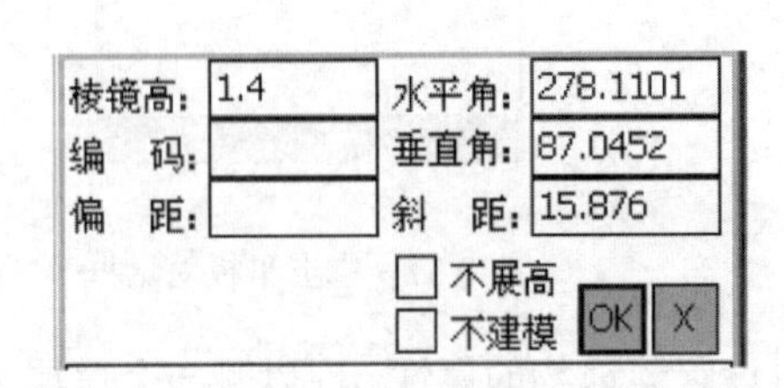

图 3.35　全站仪数据显示

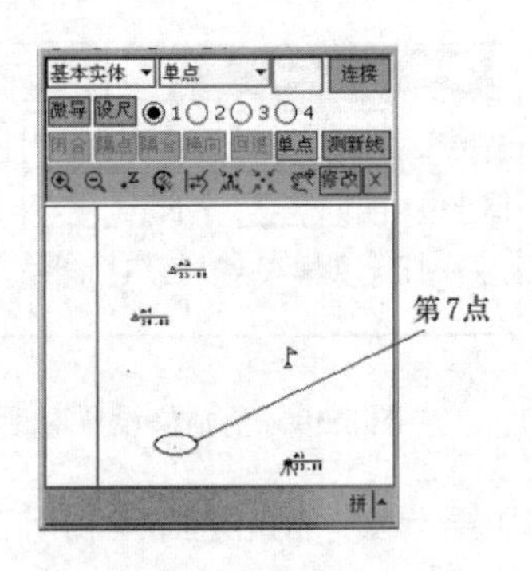

图 3.36　房屋第 7 点

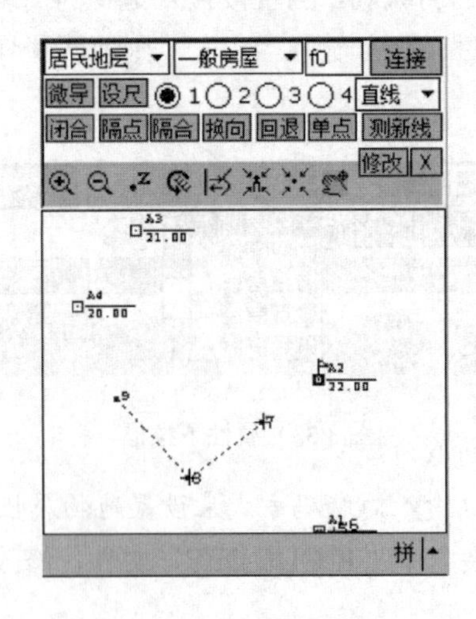

图 3.37　房屋的三个点

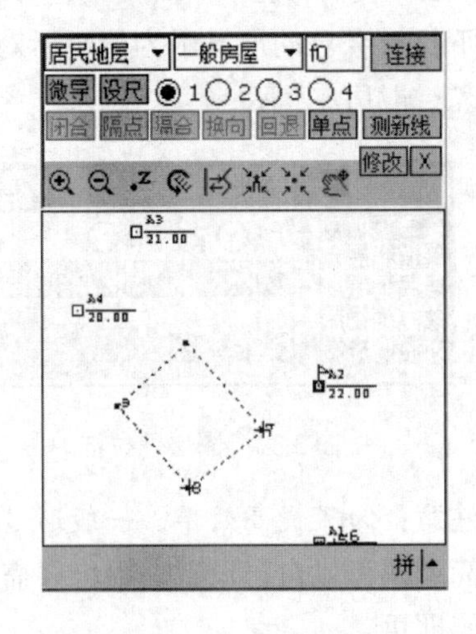

图 3.38　隔点生成房屋

5.2.6　数据导入 CASS

首先将掌上机（PDA）通过电缆线与电脑连接，再通过电脑上的移动设备“Microsoft ActiveSync”来浏览 PDA 上的文件，然后将 PDA 上 AAA.SPD 文件复制到电脑上。启动 CASS，在命令行中键入“readspda”后回车或者点击菜单“数据”→“测图精灵格式转换”→“读入”，在弹出的对话框中打开 AAA.SPD 文件，同时在存放 AAA.SPD 文件的目录下会自动生成 AAA.dat（Cass 格式坐标数据文件）和 AAA.hvs（原始数据文件）两个文件。这时测图精灵所测的图形和数据就自动导入到 CASS 软件当中。

任务 3　GPS-RTK 坐标数据采集

GPS-RTK 由两部分组成：基准站部分和移动站部分。其操作步骤是先启动基准站，后进行移动站操作。现以南方测绘仪器公司的银河 6GPS 测量仪为例，介绍 RTK 野外数据采集的操作方法。

1　基准站设置

（1）架脚架于视野开阔的点上。为了让主机能搜索到多数量卫星和高质量卫星，基准站一般应选在周围视野开阔，避免在截止高度角 15°以内有大型建筑物；同时为了让基准站差分信号能传播得更远，基准站一般应选在地势较高的位置。

（2）接好电源线和发射天线电缆。注意电源的正负极（红正黑负）。

（3）打开主机开机键和电台。主机开始自动初始化并搜索卫星，当卫星数和卫星质量达到要求后（大约 1 min），主机上的 DATA 指示灯开始快闪，同时电台上的 TX 指示灯开始每秒钟闪 1 次。这表明基准站差分信号开始发射，整个基准站部分开始正常工作。

2　移动站设置

2.1　设备连接

将移动站主机接在碳纤对中杆上，并将接收天线接在主机顶部。

2.2　开机

打开主机，主机开始自动初始化和搜索卫星，当达到一定的条件后，主机上的 DATA 指示灯开始快闪（必须在基准站正常发射差分信号的前提下），RX 指示灯开始每秒钟闪 1 次。表明已经收到基准站差分信号，这时就可以正常工作了。

2.3　打开软件

打开手簿，快速双击如图 3.39 所示的 EGStar 图标，启动工程之星软件。

图 3.39　启动 EGStar

2.4　新建工程

在图 3.40 所示的界面中单击“工程”→“新建工程”，在弹出的对话框（图 3.41）中输入工程名称（一般以当天的时间命名，如 20100526），输入完毕后点击下面的“确定”，弹出图 3.42 的界面，在“坐标系统”中点击“编辑”。在出现的坐标系统列表中，再点击“增加”出现坐标系统参数配置界面，如图 3.43 所示。

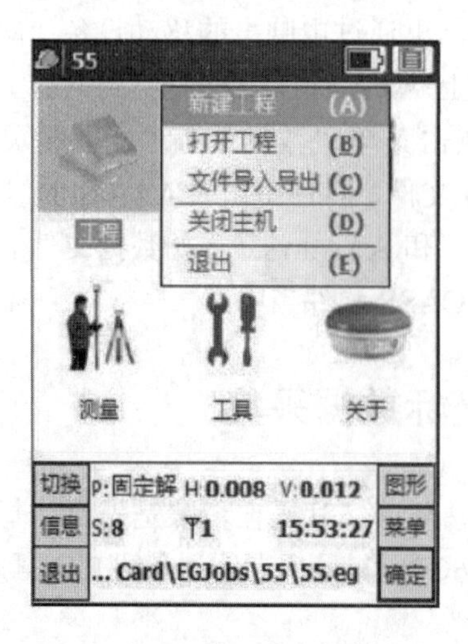

图 3.40　新建工程界面

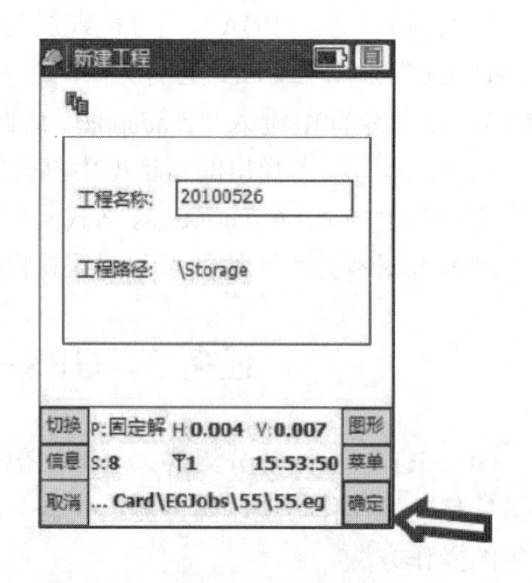

图 3.41　工程命名界面

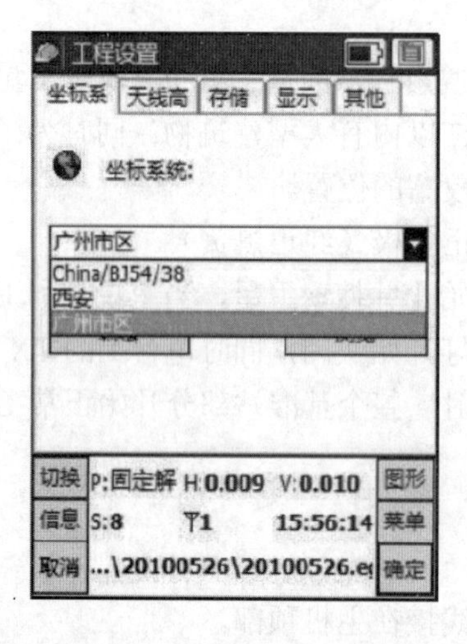

图 3.42　坐标系统设置界面

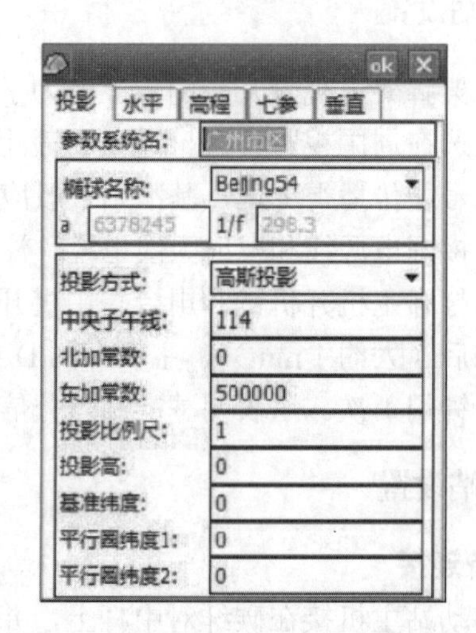

图 3.43　坐标系统参数配置界面

在“参数系统名”中输入当天的时间，如 2011 年 1 月 17 日就输入 20110117。选择 Beijing54 或者 Xian80 坐标系，再修改中央子午线（如广州的中央子午线为 114），输入完毕后点击“OK”，再点击“确定”。这样一个新的工程就建成了（最好每天新建一个工程，并且以时间命名）。

2.5　四参数校正

新建工程后，在手簿显示固定解的前提下，在图 3.44 所示界面中点击“测量”→“点测量”。分别到两个已知点上去采集原始坐标数据，方法如下。

（1）第一步：拿着移动站走到第一个已知点上，对中整平，在手簿上按“A”键，在弹出的对话框（图 3.45）中输入点名和天线高（天线高选择输入杆高），点击“OK”，点名最好以已知点名称命名，方便后面坐标点匹配操作。

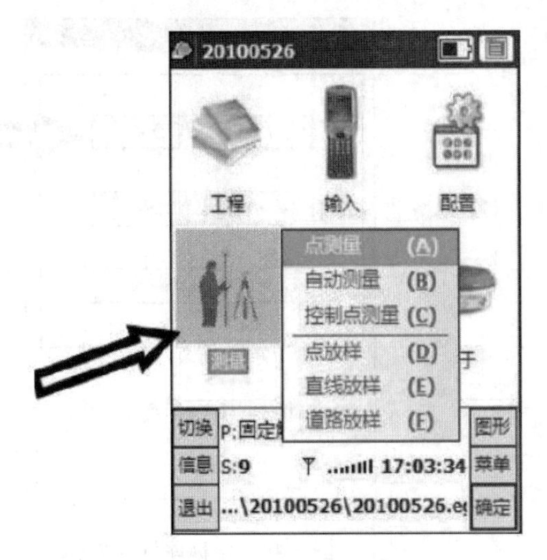

图 3.44　点测量界面

（2）第二步：到另一个已知点上对中、测量（方法和第一步一样），这样就采集了两个 84 经纬坐标。两个已知点测完后点击左下角的“退出”或者右边的“菜单”。点击“输入”→“求转换参数”，如图 3.46 所示。点击“增加”，在图 3.47 所示对话框中输入第一个已知点的坐标，点击确定。然后在图 3.48 所示界面中选择“从坐标管理库选点”；在图 3.49 所示界面中选择相应的坐标点（如已知点为 ZS63，在这里就选择 ZS63，一定要将点与实际位置对应起来），弹出对话框，点击确定，这样一个已知点就输入完成。接着用相同的方法输入第二个已知点，输完两个已知点后点击“保存”。

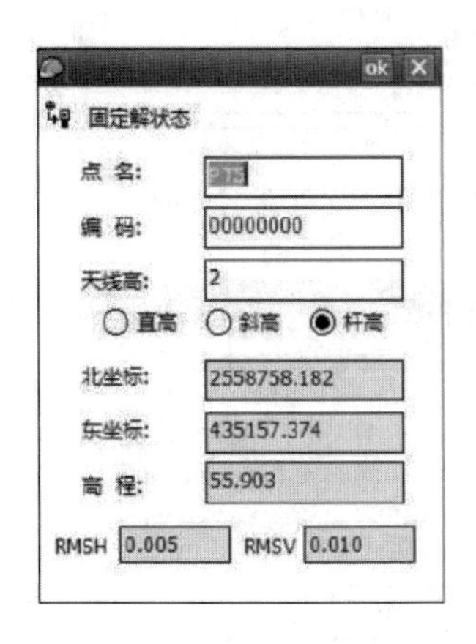

图 3.45　设置点名和天线高界面

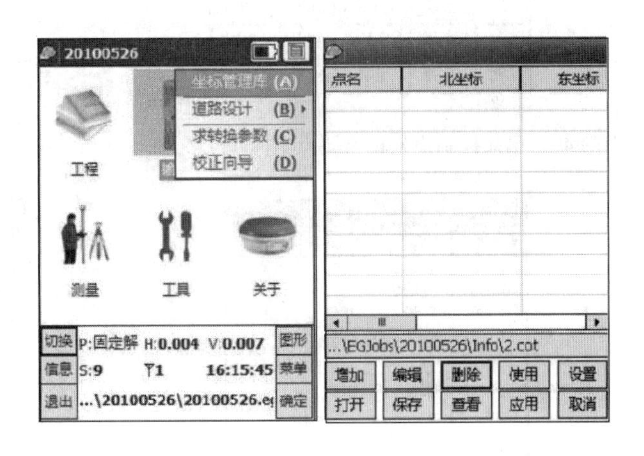

图 3.46　点击坐标库界面

在文件名中输入当天的时间（以时间命名是最好的），输入后点击右上角的“OK”，提示保存成功，点击右上角的“OK”，再点击应用（图 3.51）。最后点击“Yes”，这样参数就计算完毕，可以进行地形测量了（图 3.52）。

图 3.47　添加已知点界面

图 3.48　坐标库选点界面

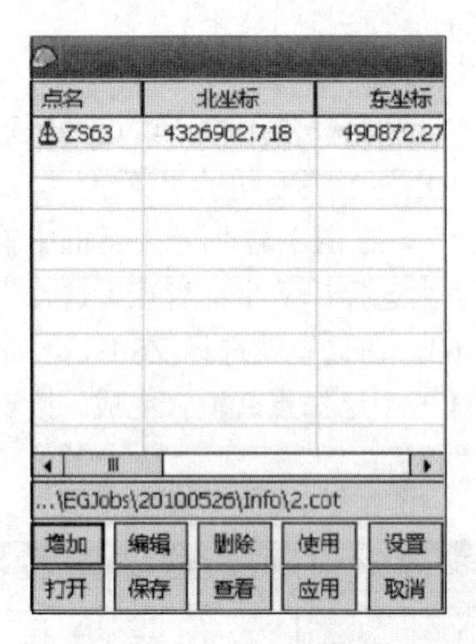

图 3.49　已知控制点坐标与测点坐标匹配界面

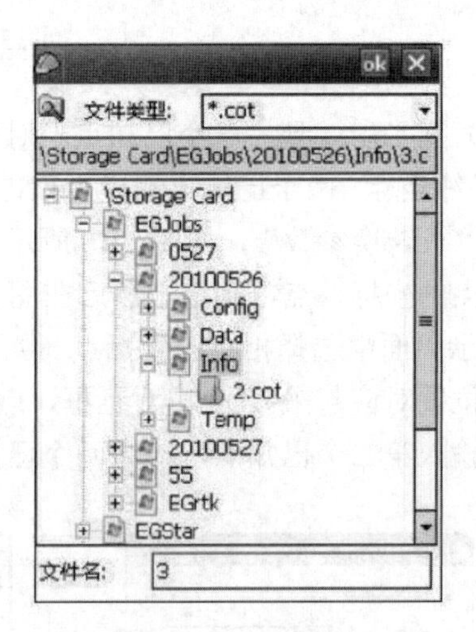

图 3.50　文件命名界面

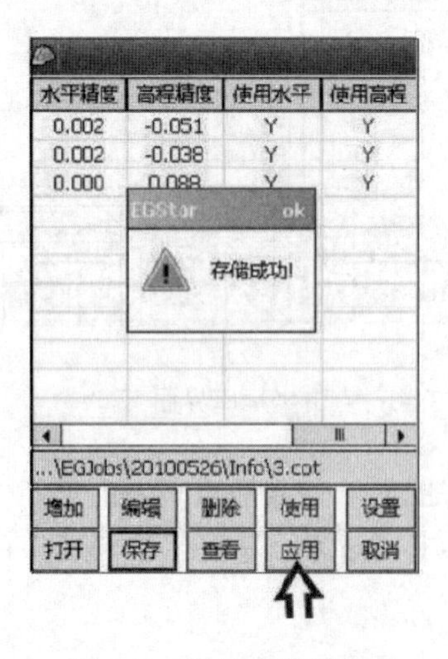

图 3.51　数据存储界面

图 3.52　坐标参数转换界面

2.6 数据采集

校正完成后就可以进行数据采集了。选择“点测量”→“目标点测量”→输入点名、天线高（杆高），点击“确定”保存。工程之星软件提供快捷方式，测量点时按“A”键，显示测量点信息，输入点名、天线高，按手簿上的回车键“Enter”保存数据。

RTK 差分解有以下几种形式。

（1）单点解，表示没有进行差分解，无差分信号。

（2）浮点解，表示整周模糊度没有确定，精度较低。

（3）固定解，表示固定了整周模糊度，精度较高。

在数据采集时，只有达到固定解状态时才可以保存数据。

3 动态数据导出

双击打开“工程之星（EGStar）”软件，点击“工程”进入“文件导入导出”，选择对应的“文件导出”功能，在“导出文件类型”栏处选择对应的“南方 Cass 格式”，这样就可直接运用导出的数据在南方绘图软件上绘图。再对应地选好“测量文件（即所采集的成果，后缀名为 DAT）”和“成果文件（即输入要导出文件的名称及存放的位置）”。全部输入完成后，点击“导出”。要导出数据时，应注意记好导出文件存放的位置，以便接下来将数据传送到电脑上。利用手簿的专用软件使手簿和电脑连接，读取手簿里面所观测的数据文件，将数据复制到电脑上即可完成数据导出的任务，如图 3.53 所示。

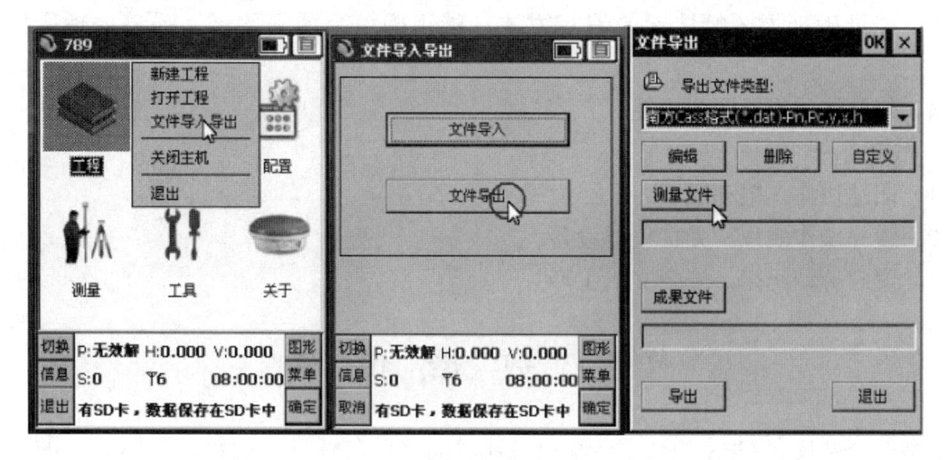

图 3.53　数据导出界面

思考题与习题

1. 简述草图法测图的作业过程。
2. 简述利用全站仪进行数据采集的步骤。
3. 简述使用 RTK 进行数据采集的作业步骤。
4. 简述 CASS 电子平板野外数据采集的方法。

模块 4　大比例尺数字测图内业

【模块概述】

数字测图内业是相对数字测图外业而言的，简单地说，就是将野外采集的碎部点数据信息在室内传输到电脑上并进行处理和编辑的过程。数字测图内业是数字化测图的重要阶段，内容包括数据传输、数据处理、图形编辑与整饰、成果输出与管理等。

【学习目标】

1. 知识目标

（1）掌握数据通信参数设置的内容和方法。

（2）掌握地物要素的取舍、合并的原则和方法

（3）理解图幅要素的编写方法。

2. 技能目标

（1）能熟练进行数据通信参数设置；能正确选择数据通信参数。

（2）能熟练使用 CASS 软件进行地形图绘制。

（3）能准确把握图幅要素的编写方法；能正确填写图幅要素，妥善处理图幅接边问题。

（4）能熟练使用绘图仪出图。

3. 态度目标

（1）团结协作，主动配合。

（2）遵守操作规程，爱护仪器设备。

（3）遵守劳动纪律，安全文明生产。

任务 1　数　据　传　输

新型的全站仪和 GPS 的数据传输已经比较简化，在模块 3 的数据采集中一并介绍了，本任务主要介绍索佳 SET510 全站仪的数据传输与处理。

1　数据格式

1.1　SDR33 格式

索佳 SET510 全站仪系列的原始观测数据文件为 SDR33 格式，为纯文本文件。图 4.1 所示为 SDR33 格式的数据文件。

每行前四个字符分别为标识符和来源码，如 08TP 表示地形测量中测得的碎部点坐标。测绘软件无法直接使用原始的观测文件，需经数据传输软件对数据进行提取及格式转换。原始观测文件的来源代码用两位字符表示，其含义见表 4.1。

```
00NMSDR33 V04-04.02      01-Jan-02 00:00 113111
10NMJOB2            121111
06NM1.00000000
01NM:SET510 V41-03    025846SET510 V41-03    02584631
03NM1.600
08TP                131482.292          44688.375         9.452
08TP                231468.324          44689.834         9.440
08TP                331467.681          44684.202         9.595
08TP                431453.287          44685.946         9.523
08TP                531453.803          44691.441         9.440
08TP                631441.553          44692.896         9.338
08TP                731455.153          44696.869         9.386
08TP                831454.376          44697.886         9.197
08TP                931455.242          44698.770         9.179
08TP               1031464.426          44697.713         9.189
08TP               1131465.208          44696.752         9.311
08TP               1231464.331          44695.814         9.382
08TP               1331470.254          44695.212         9.410
08TP               1431473.105          44695.105         9.417
08TP               1531471.352          44704.864         9.177
08TP               1631470.861          44725.698         9.203
```

图 4.1 SDR33 格式文件

表 4.1 索佳 SET510 全站仪观测文件的来源代码

来源代码	含 义	来源代码	含 义
AR	面积处理程序	F1	未经改正的盘左观测值
F2	未经改正的盘右观测值	MD	多次距离测量读数
MC	经仪器、气象改正后的观测值	NM	非测量值
OS	偏心读数注记	PJ	点投影程序
RE	悬高测量程序	RS	后方交会程序
TS	时间自动注记	TP	地形测量程序

1.2 南方数字化成图软件 CASS 的坐标数据文件格式

坐标数据文件是CASS最基础的数据文件，扩展名是“dat”，无论是从电子手簿传输到计算机还是用电子平板在野外直接记录数据，都生成一个坐标数据文件。

CASS 软件的坐标数据文件格式如图 4.2 所示，具体说明如下。

1 点点名，1 点编码，1 点 Y（东）坐标，1 点 X（北）坐标，1 点高程。

……

N 点点名，N 点编码，N 点 Y（东）坐标，N 点 X（北）坐标，N 点高程。

说明：

（1）文件内每一行代表一个点。

```
1,,53414.28,31421.88,39.555
2,,53387.8,31425.02,36.8774
3,,53359.06,31426.62,31.225
4,,53348.04,31425.53,27.416
5,,53344.57,31440.31,27.7945
6,,53352.89,31454.84,28.4999
7,,53402.88,31442.45,37.951
8,,53393.47,31393.86,32.5395
9,,53358.85,31387.57,29.426
10,,53358.59,31376.62,29.223
11,,53348.66,31364.21,28.2538
12,,53362.8,31340.89,26.8212
13,,53335.73,31347.62,26.2299
14,,53331.84,31362.69,26.6612
15,,53351.82,31402.35,28.4848
16,,53335.09,31399.61,26.6922
17,,53331.15,31333.34,24.6894
18,,53344.1,31322.26,24.3684
19,,53326.8,31381.66,26.7581
20,,53396.59,31331.42,28.7137
21,,53372.7,31317.25,25.8215
```

图 4.2 CASS 软件的坐标数据文件格式

（2）每个点 Y（东）坐标、X（北）坐标、高程的单位均是“米”。

（3）编码内不能含有逗号，即使编码为空，其后的逗号也不能省略。

（4）所有的逗号不能在全角方式下输入。

现在各专业测绘软件均已具备与全站仪数据传输处理的功能，可完成测绘数据的传输、提取及格式转换等工作。

2　通信设置

目前，电子全站仪的数据传输方式主要有串行通信、USB、蓝牙、红外等方式。索佳SET510全站仪采用RS-232C串行通信接口。要实现全站仪与计算机之间的正常传输数据，需对全站仪及计算机进行正确的通信参数设置。

计算机与全站仪间的通信参数有以下几项。

（1）通信端口。通常台式微机有两个标准RS232C通信口，COM1和COM2。

（2）波特率。波特率即数据传输的速率，单位为b/s，有600、1200、2400、9600、19200等可选。数据发送的速率和接收的速率必须设置一样。索佳 SET510 全站仪的通信波特率一般采用2400bps。

（3）数据位。数据位有7和8两项可选，一般设为8位。

（4）奇偶校验。奇偶校验有不校验（None）、奇校验（Odd）、偶校验（Even）三项可选，一般选不校验（None）。

（5）停止位。停止位有1和2两项可选，一般设为1位。

（6）和校验。和校验有YES和NO两项可选，一般设为NO。

（7）流控。流控是指是否采用数据流控制协议。XON/XOFF是一种流控制协议（通信速率匹配协议），用于数据传输速率不小于1200b/s时进行速率匹配，方法是控制发送方的发送速率以匹配双方的速率。为保证数据准确传输，一般选YES项。

索佳 SET510 全站仪的通信参数设置如图4.3所示。

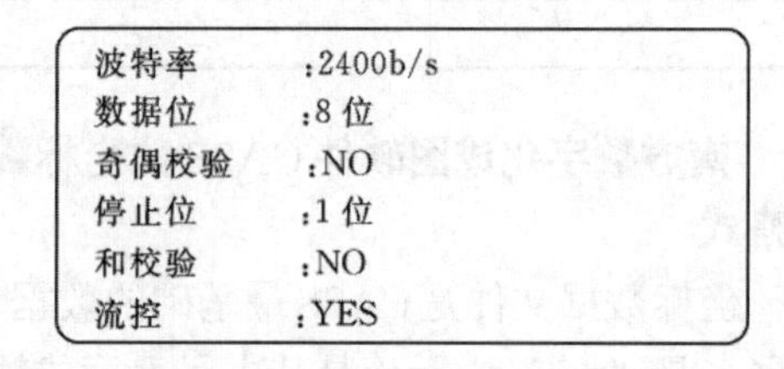

图4.3　索佳SET510全站仪通信参数设置

3　数据传输操作

3.1　下载全站仪坐标测量数据

利用CASS软件读取索佳SET510全站仪坐标测量数据的操作方法如下。

（1）运行 CASS 软件，点击菜单“数据（D）”的下拉菜单“读取全站仪数据”（图4.4），会弹出“全站仪内存数据转换”窗口（图4-5），按图4.5进行通信参数及指定CASS坐标文件的存储位置，完成设置后点击“转换”命令按钮，按程序提示进行操作。CASS软件会出现如图4.6所示的信息提示，点击“确定”按钮，CASS软件进入接收数据的等待状态。

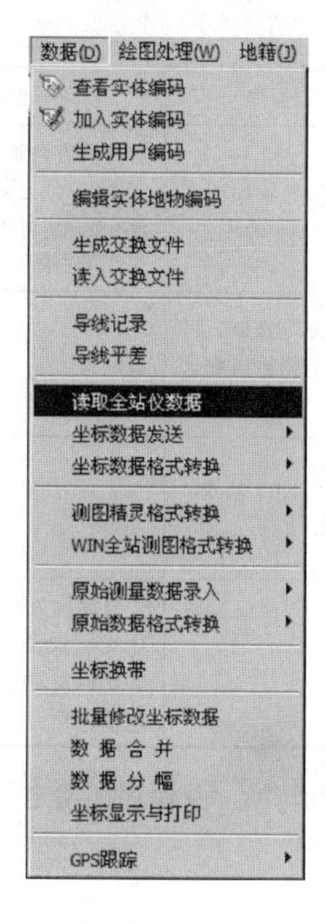

图 4.4 读取全站仪数据下拉菜单

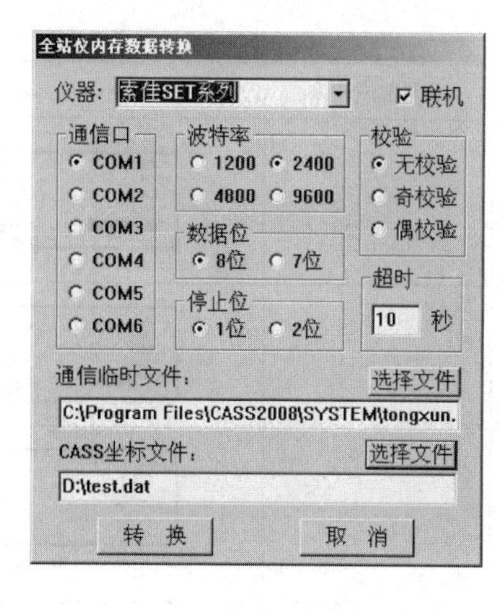

图 4.5 全站仪内存数据转换界面

图 4.6 数据传输操作提示界面

（2）索佳 SET510 全站仪坐标测量数据下载操作步骤见表 4.2。

表 4.2 全站仪坐标测量数据下载操作步骤

步骤	操作前序说明	仪器操作界面显示信息	按键操作	备 注
1	开机，显示	SET510 SOKKIA No. XXXXXX Ver. XXX-XXX-XX XXX-XXX-XX 文件 JOB1 测 量 内 存 配 置	选择“内存”→进入仪器内存	按 ESC 键可显示此界面
2		内存 文件 已知数据 代码	选定“文件”，按回车确认	
3		文件 文件选取 文件更名 文件删除 通信输出 通信设置	选定“通信设置”，按回车确认	
4		波特率 : 2400bps 数据位 : 8位 奇偶校验 : NO 停止位 : 1位 和校验 : NO 流控 : YES	正确设置通信参数，需与计算机的参数一致	
5	按“ESC”按键可返回上一层菜单	文件 文件选取 文件更名 文件删除 通信输出 通信设置	选定“通信输出”，按回车确认	

续表

步骤	操作前序说明	仪器操作界面显示信息	按键操作	备　注
6		*JOB1 100 *JOB2 323 *JOB3 50 *JOB4 211 *JOB5 818 OK	选定需要输出的文件名，按回车确认	利用方向键选择好文件，必须先按回车键进行确认。可选择多个文件同时输出
7		*JOB1 100 *JOB2 323 *JOB3 50 *JOB4 211 *JOB5 Out OK	按“OK”按键，可将文件数据输出到计算机中	
8		通信输出 SDR 打印输出	选择“SDR”格式，回车确认	
9		通信输出 格式 SDR 发送 100		全站仪处于数据发送的等待状态，请执行计算机发送已知坐标数据的操作

全站仪发送完成后，坐标观测数据即可按 Cass 格式进行转换，并保存在指定的位置。

3.2　上传已知坐标数据到全站仪

（1）索佳 SET510 全站仪操作步骤见表 4.3。

表 4.3　　上传已知坐标数据操作步骤

步骤	操作前序说明	仪器操作界面显示信息	按键操作	备　注
1	开机，显示	SET510 SOKKIA No. XXXXXX Ver. XXX-XXX-XX XXX-XXX-XX 文件 JOB1 测量 内存 配置	选择“内存”→进入仪器内存	按 ESC 键可显示此界面
2	依上一节操作内容，先选定文件及正确设置通信参数，再进行坐标数据上传	内存 文件 已知数据 代码	选定“已知数据”，按回车确认	可在“文件”选项中设置通信参数，需与计算机的通信参数一致
3		已知数据 文件JOB1 输入坐标 通信输入 删除坐标 查找坐标	选定“通信输入”，按回车确认	
4		通信输入 格式 SDR 接收 0		全站仪处于数据发送的等待状态，请执行计算机发送已知坐标数据的操作

（2）南方测绘 CASS 软件操作步骤说明如下。运行 CASS 软件，点击菜单“数据（D）”的下拉菜单“坐标数据发送”的子菜单“微机→索佳 SET 系列”（图 4.7），会弹出“输入 CASS 坐标数据文件名”窗口，选择已知坐标数据文件（数据文件扩展名为 DAT），选择完

成后点击“打开”命令按钮。在 CASS 软件下方的命令行会出现通信端口选择的提示（图 4.8），按计算机实际配置输入端口号（一般为串口 COM1），按键盘回车键确认，CASS 软件自动将坐标数据发送到全站仪中，数据传输的信息会在 CASS 软件下方的命令行滚动显示，如图 4.9 所示。

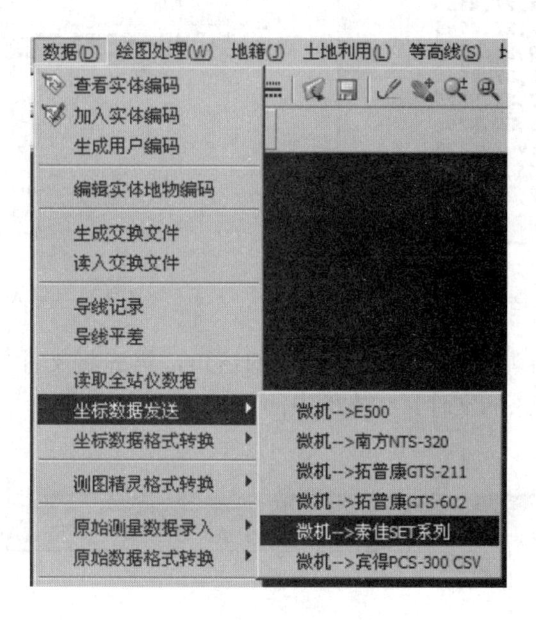

图 4.7　发送数据至索佳全站仪

命令:
命令: r_set500
请选择通信口: 1.串口COM1 2.串口COM2 3.串口COM3 4.串口COM4 <1>:

图 4.8　通信端口选择

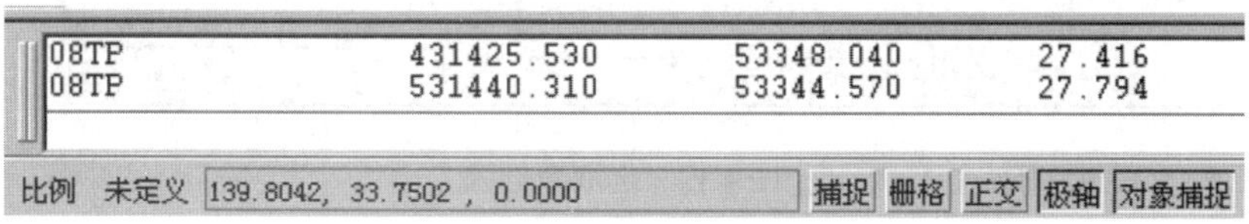

08TP　431425.530　53348.040　27.416
08TP　531440.310　53344.570　27.794
比例　未定义　139.8042, 33.7502 , 0.0000　捕捉　栅格　正交　极轴　对象捕捉

图 4.9　数据发送滚动显示界面

4　数据格式转换

利用电子表格 Excel 文件，可将原始坐标数据转换为 CASS 软件格式。具体操作步骤如下。

（1）现有文本格式的坐标文件，数据格式为：点名，*X* 坐标，*Y* 坐标，高程，如图 4.10 所示。

（2）运行 Excel 软件，点击菜单“数据”→“导入外部数据”→“导入数据（D）...”，如图 4.11 所示。

图 4.10　坐标数据原始格式

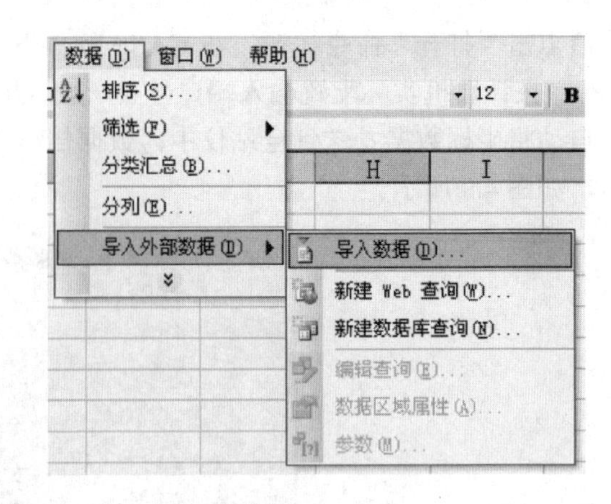

图 4.11　导入外部数据

（3）Excel 软件将弹出“选取数据源”的窗口，需先将文件类型指定为“所有文件(*.*)”，再选定需导入的文件，如本例中的 test.txt 文件，点击“打开”命令按钮，如图 4.12 所示。

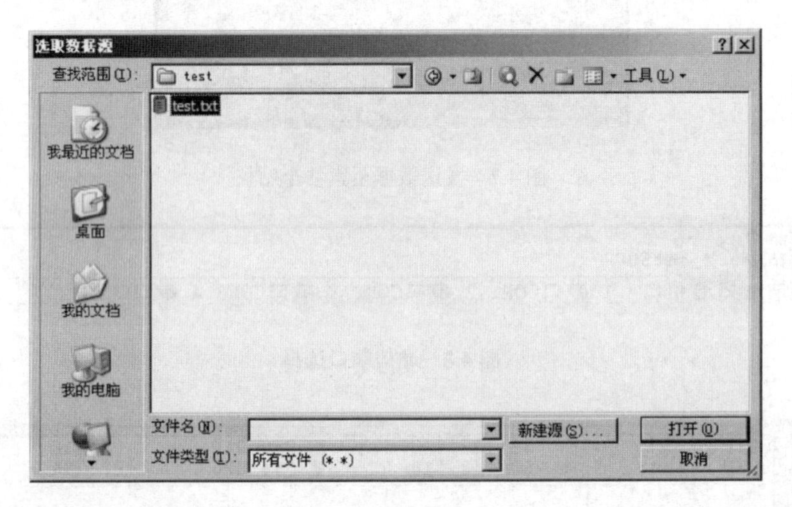

图 4.12　选取数据源

（4）Excel 软件将弹出“文本导入向导-3 步骤之 1”的窗口。如果文本文件中的项以制表符、冒号、分号或其他字符分隔，请选择“分隔符号”。如果文本文件中所有项的长度都相同，请选择“固定宽度”。

在“导入起始行”中键入行号以指定要导入数据的第一行。

在“文件原始格式”下拉列表中，选择文本文件格式。

对话框的预览区域显示文本被分隔到工作表的列中后的显示形式。可拖动滚动条查看数据内容，若无误，点击“下一步”命令按钮继续下一步操作，如图 4.13 所示。

（5）Excel 软件继续显示“文本导入向导-3 步骤之 2”的窗口。在对话框的“分隔符号”区域选择数据所包含的分隔符。如果所需的字符未列出，请选中“其他”复选框，然后在包含插入点的框中键入字符。如果数据类型为“固定宽度”，则这些选项不可用。

如果在数据字段之间的分隔符由多个字符组成，或者数据包含多个自定义分隔符，请单击“连续分隔符号视为单个处理”。

从“文本识别符号”中选择要使用的符号以指定该符号中所包含的数据将作为文本处理。

根据原坐标文件的数据分隔符号选定分隔符号，本例为逗号（,），选中“逗号”复选框后，“数据预览”区域显示文本被分隔到工作表的列中后的显示形式。点击“完成”命令按钮，如图 4.14 所示。

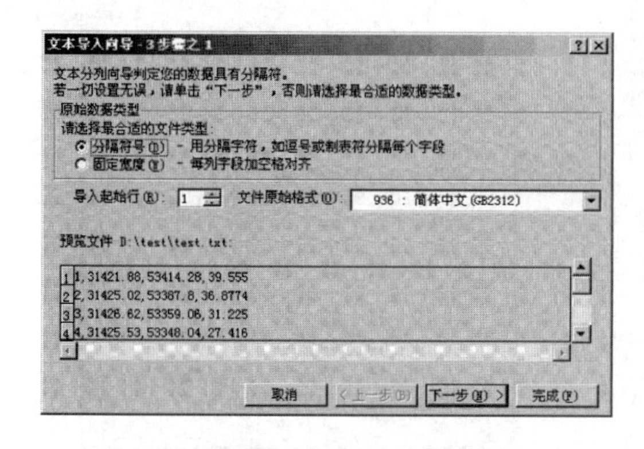

图 4.13 文本导入向导-3 步骤 1

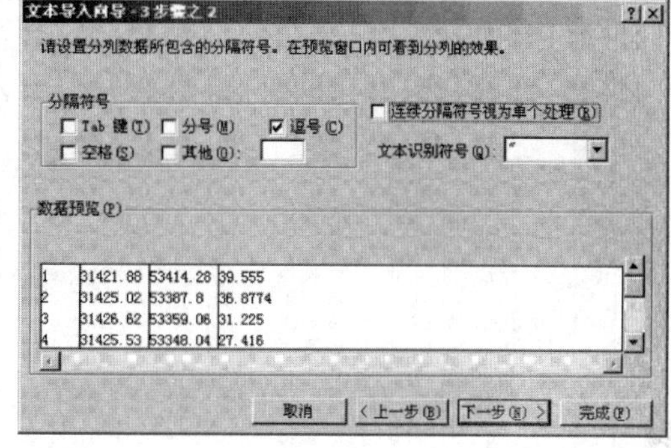

图 4.14 文本导入向导-3 步骤 2

（6）Excel 软件显示“导入数据”的窗口，提示数据的放置位置。指定数据导入位置后，点击“确定”命令按钮，如图 4.15 所示。

（7）Excel 软件将坐标文件导入后，坐标数据显示的界面如图 4.16 所示。其中 A 列为点号，B 列为 X 坐标数据，C 列为 Y 坐标数据，D 列为高程数据。

图 4.15 数据放置位置

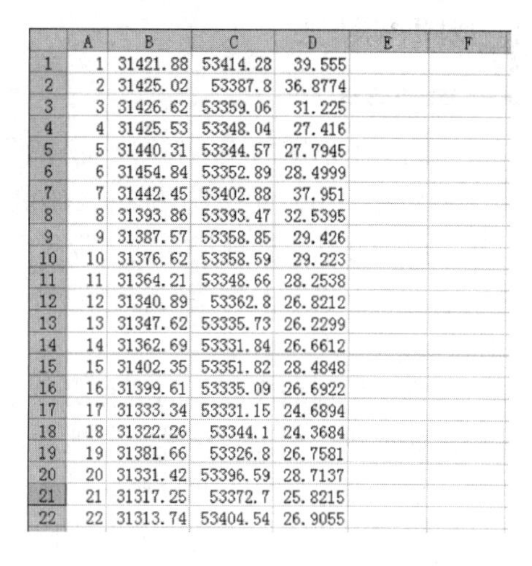

	A	B	C	D	E	F
1	1	31421.88	53414.28	39.555		
2	2	31425.02	53387.8	36.8774		
3	3	31426.62	53359.06	31.225		
4	4	31425.53	53348.04	27.416		
5	5	31440.31	53344.57	27.7945		
6	6	31454.84	53352.89	28.4999		
7	7	31442.45	53402.88	37.951		
8	8	31393.86	53393.47	32.5395		
9	9	31387.57	53358.85	29.426		
10	10	31376.62	53358.59	29.223		
11	11	31364.21	53348.66	28.2538		
12	12	31340.89	53362.8	26.8212		
13	13	31347.62	53335.73	26.2299		
14	14	31362.69	53331.84	26.6612		
15	15	31402.35	53351.82	28.4848		
16	16	31399.61	53335.09	26.6922		
17	17	31333.34	53331.15	24.6894		
18	18	31322.26	53344.1	24.3684		
19	19	31381.66	53326.8	26.7581		
20	20	31331.42	53396.59	28.7137		
21	21	31317.25	53372.7	25.8215		
22	22	31313.74	53404.54	26.9055		

图 4.16 坐标数据导入后显示界面

（8）在 F1 单元格中输入公式“=A1&",,"&C1&","&B1&","&D1”（下划线的内容，不含前后的中文双引号）。因 CASS 软件的坐标数据文件格式为“点号，编码，Y 坐标，X 坐标，高程”，本例中坐标数据没有编码信息，故忽略编码，但是作为间隔的逗号不能省略，因此在公式中使用了连续的两个逗号。注意：公式中的双引号及逗号均为英文半角字符。

回车确认后，F1 单元格显示“1, , 53414.28, 31421.88, 39.555”。将鼠标置于 F1 单元格右下角向下拖拽，在 F 列中的单元格自动填充公式，数据即可实现格式转换，如图 4.17 所示。

（9）将 F 列的数据选定复制，粘贴到记事本中，并将文件以“.dat”为扩展名保存，即可获得转换后 Cass 格式的坐标文件，可在 CASS 软件中使用，如图 4.18 所示。

	A	B	C	D	E	F
1	1	31421.88	53414.28	39.555		1,,53414.28,31421.88,39.555
2	2	31425.02	53387.8	36.8774		2,,53387.8,31425.02,36.8774
3	3	31426.62	53359.06	31.225		3,,53359.06,31426.62,31.225
4	4	31425.53	53348.04	27.416		4,,53348.04,31425.53,27.416
5	5	31440.31	53344.57	27.7945		5,,53344.57,31440.31,27.7945
6	6	31454.84	53352.89	28.4999		6,,53352.89,31454.84,28.4999
7	7	31442.45	53402.88	37.951		7,,53402.88,31442.45,37.951
8	8	31393.86	53393.47	32.5395		8,,53393.47,31393.86,32.5395
9	9	31387.57	53358.85	29.426		9,,53358.85,31387.57,29.426
10	10	31376.62	53358.59	29.223		10,,53358.59,31376.62,29.223
11	11	31364.21	53348.66	28.2538		11,,53348.66,31364.21,28.2538
12	12	31340.89	53362.8	26.8212		12,,53362.8,31340.89,26.8212
13	13	31347.62	53335.73	26.2299		13,,53335.73,31347.62,26.2299
14	14	31362.69	53331.84	26.6612		14,,53331.84,31362.69,26.6612
15	15	31402.35	53351.82	28.4848		15,,53351.82,31402.35,28.4848
16	16	31399.61	53335.09	26.6922		16,,53335.09,31399.61,26.6922
17	17	31333.34	53331.15	24.6894		17,,53331.15,31333.34,24.6894
18	18	31322.26	53344.1	24.3684		18,,53344.1,31322.26,24.3684
19	19	31381.66	53326.8	26.7581		19,,53326.8,31381.66,26.7581
20	20	31331.42	53396.59	28.7137		20,,53396.59,31331.42,28.7137
21	21	31317.25	53372.7	25.8215		21,,53372.7,31317.25,25.8215
22	22	31313.74	53404.54	26.9055		22,,53404.54,31313.74,26.9055

图 4.17　公式实现格式转换

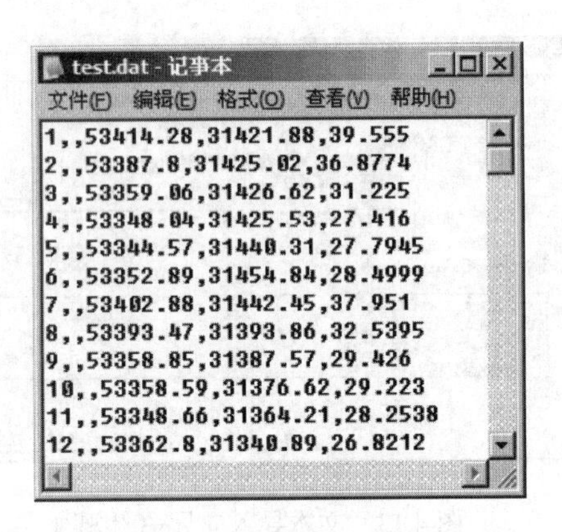

图 4.18　转换后的坐标文件

任务 2　内 业 成 图

1　成图一般规则

1.1　图式符号

大比例地形图的表示符号一般参照《国家基本比例尺地形图图式　第 1 部分：1∶500　1∶1000　1∶2000 地形图图式》（GB/T 20257.1—2017），图式上没有规定的符号，可自行设计，但最好结合当地沿用的习惯符号，并在技术设计书当中说明。

地形图上表示的主要内容有地物与地貌两大类。

1.1.1　地物

地物是指地球表面上的具有明显轮廓的各种固定物体，一般分为两大类，一类是自然地物，如河流、湖泊、森林、草地等，另一类是人工地物，如房屋、道路、垣栅、水渠、桥梁、输电线及各种工业设施。

地形图图式中地物的符号分为比例符号、非比例符号、半依比例符号和注记。

（1）比例符号：将垂直投影在水平面上的地物形状轮廓线，按测图比例尺缩小绘制在地形图上，再配合注记符号来表示地物的符号，称为比例符号。

在地形图上表示地物的原则是：凡能按比例尺缩小表示的地物，都用比例符号表示。

（2）非比例符号（图 4.19）：只表示地物的位置，而不表示地物的形状与大小的特定符号称为非比例符号。

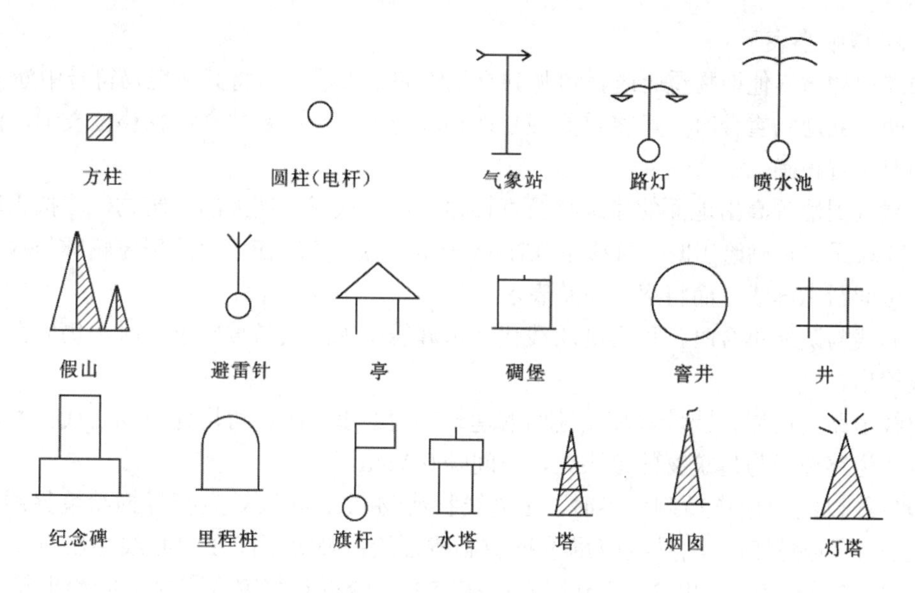

图 4.19 非比例符号（部分）

非比例符号上表示地物中心位置的点称为定位点。

说明：各种非比例符号的定位点不尽相同，根据符号不同的形状来确定。

（3）半依比例符号（图 4.20）：长度按比例表示、宽度不按比例表示的地物符号称为半依比例符号，符号的中心线称为定位线。如围墙、栅栏等。

（4）注记符号：对地物加以说明的文字、数字或特有符号，称为注记。

1.1.2 地貌

地貌是指地面上高低起伏的形态，一般采用等高线或高程注记表示，如图 4.21 所示。

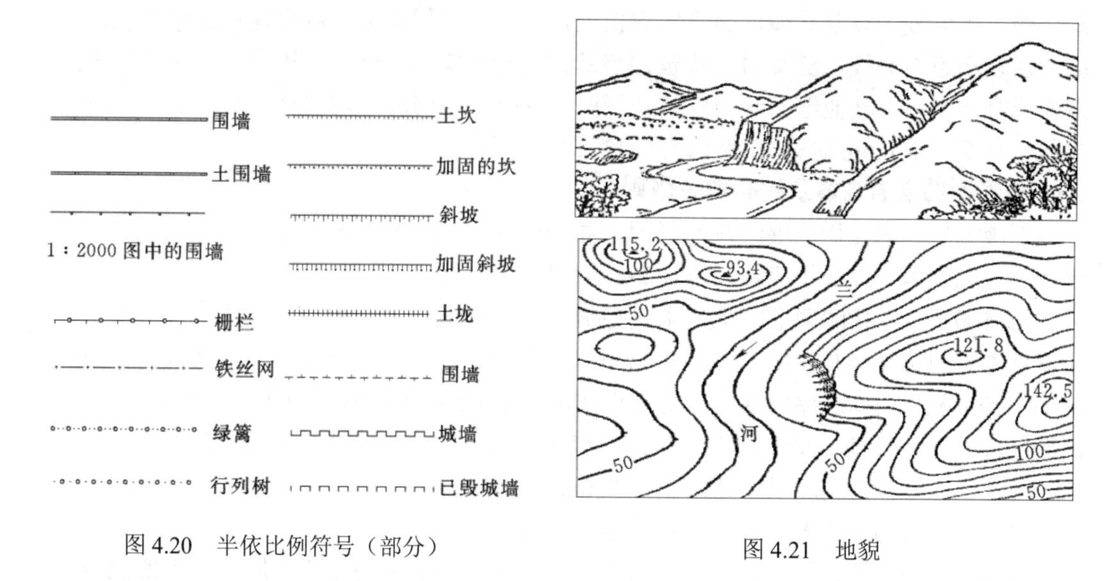

图 4.20 半依比例符号（部分）

图 4.21 地貌

1.2 各要素符号间配合表示的一般原则

当两个地物重合或接近、难以同时准确表示时，应将重要地物准确表示，次要地物移位 0.2mm 或缩小表示。

独立地物与其他地物重合时，可见独立地物完整表示，而将其他地物符号中断 0.2mm 表示；两独立地物重合时，可将重要独立地物准确表示，次要独立地物移位表示，但应保证其相对位置正确。

房屋或围墙等高出地面的建筑物及直接建筑在陡坎或斜坡上的建筑物，应按正确位置绘出，陡坎无法正确绘出时，可移位 0.2mm 表示，悬空建筑在水上的房屋轮廓与水涯线重合时，可间断水涯线，而将房屋完整表示。

水涯线与陡坎重合时，可用陡坎线代替水涯线；水涯线与坡脚重合时，仍应在坡脚将水涯线绘出。

双线道路与房屋、围墙等高出地面的建筑物边线重合时，可用建筑物边线代替道路边线，且在道路边线与建筑物的接头处，应间隔 0.2mm。

境界线以线状地物一侧为界时，应离线状地物 0.2mm 按规定符号描绘境界线；若以线状地物中心为界时，境界线应尽量按中心线描绘；确实不能在中心线绘出时，可沿两侧每隔 3～5mm 交错绘出 3～4 节符号；在交叉、转折及与突变交接处需绘出符号以表示方向。

地类界与地面上有实物的线状符号重合时，可省略不绘；与地面无实物的线状符号（如架空管线、等高线等）重合时，应将地类界移位 0.2mm 绘出。

等高线遇到房屋及其他建筑物、双线路、路堤、路僭、陡坎、斜坡、湖泊、双线河流及注记，均应断开（电子图上可以消隐表示）。

为了表示各处等高线不能显示的地貌特征点高程，在地形图上要注记适当的高程注记点。高程注记点应尽量均匀分布，根据地形情况图上每 100cm^2 面积内，应有 1～3 个等高线高程注记。山顶、鞍部、山脊、山脚、谷底、谷口、沟底、沟口、凹地、台地、河岸和湖岸旁、水涯线上以及其他地面倾斜变换处，均应有高程注记。城市建筑区的高程注记点应测注在街道中心线、交叉口、建筑物墙基脚、管道检查井进口、桥面、广场、较大的庭院内或空地上以及其他地面倾斜变换处。基本等高距为 0.5m 时，高程注记点应注记至厘米，基本等高距大于 0.5m 时，高程注记点应注记至分米。

1.3　地形图的要素内容及综合取舍规则

各级测量控制点均应展绘在地形图上并加以注记。水准点按地物点精度测定其平面位置，图上应表示。根据相应等级决定高程值的注记位数。

1∶500 及 1∶1000 测图时，除临时性建筑物可舍去外，房屋一般不进行综合取舍。但建筑物本身的轮廓凸凹在图上小于 0.4mm 的，可用直线连接，个别次要地物以具体情况而定（1∶500 测图时，房屋内部天井应根据实际大小测绘；1∶1000 测图时，图上小于 6mm^2 的天井可不表示）。1∶2000 测图时房屋在图上 0.5mm 以下的转折、间隔等综合表示。

圆形或弧形拟合精度以不超过图上 0.4mm 为准。

附着在建筑物上的电力线、通信线等可舍去。

菜地、果园等耕作区内以木、油毡纸、草等为原料建造的简单房屋，住人的应测绘，对凹凸小的拐角可适当综合。

围墙与坎重合时，用围墙坎符号表示。

当独立地物在图上符号重叠时，可将次要地物移位表示。

管线直线部分的支架（杆）和附属设施密集时，可适当取舍，支架（杆）间有多种线路时只表示高等级的线路；建筑区内的电力线、通信线可不连线，但应在支架（杆）或房角处绘出连线方向。

道路上的人行道应表示，路边和路中的栏杆可不测绘，但路中混凝土结构、高度在 0.5m 以上的隔离墙，按围墙表示。

大车路以下等级的道路不需注记路面材料。

道路通过居民地不宜中断，应按真实位置绘出，但如果道路较小且街边房屋能清晰反映出道路走向时，不需绘出道路边线。

地形图上高程注记点应分布均匀，注记点间距在 1∶500 比例尺地形图上一般为 15m，1∶2000 比例尺地形图上一般为 50m。

1∶500 地形图上高程注记至厘米，1∶2000 地形图上则注记至分米。

等高线从 0m 起算，每隔四根首曲线加粗一根计曲线。并在计曲线上注明高程，字头朝向高处，但需避免在图内倒置。

同一地段生长有多种植物时，可按经济价值和数量适当取舍，符号配置不应超过三种。

田埂、水沟宽度在图上大于 1mm 的应用双线表示，小于 1mm 的用单线表示（忽宽忽窄的以主体为准，连续清晰表示）。田块内应测注有代表性的高程。

单位名称太长时可以缩写，但含义要清晰，如省略市名部分。

对于《国家图式》没有规定符号，又不便归类表示的地物，可实测地物的轮廓线，并加注专名。

由于电子图表示的内容更为丰富、成图精度更高，各要素分层分色表示，容易产生不同类地物互相压盖、高程点被线压盖、道路上桥、河流上桥等现象,这时应对其进行相关处理。高程值、注记可以移动，对不可移动的可以利用区域隐藏命令，将次要的隐藏，主要的前置。

1.4 注记

1.4.1 注记的一般要求

（1）主次分明：大小字级代表不同大小的等级。

（2）互不混淆：注记稠密时，注记的位置安排要恰当。

（3）不压盖重要地物，次要地物可视情况而定。

（4）整齐美观。

1.4.2 注记规则

（1）字体：一般有粗等线体、长中等线体、细等线体、长等线体、宋体、左斜宋体等，具体参看《国家图式》，各种比例尺的地图所用的字形有些微小的差别。1:500、1:1000 及 1:2000 图式中：粗等线体用于镇以上的居民地名称、图名注记；细等线体用于镇以下的居民地名称以及各种说明、各种数字注记；宋体用于行政区划注记；左斜宋体用于江河湖泊注记；长等线体用于图号注记；长中等线体用于山名注记；正等线体用于图廓坐标、图廓间注记。

（2）字高：因图式符号对应的出版地图，注记的大小以字级（K）区分，与电子地图上注记的大小以字高(mm)之间容易产生混淆；电子地图的字高亦随字体的不同有所不同，有的字是“顶天立地”，有的则是“藏头缩脚”，要注意属性高度与打印出图的实际高度的区别；正体字以高或宽计、长体字以高计、扁体和斜体以宽计、数字以高计。现列出字级、字高对照表供参考，见表 4.4。

表 4.4　字级、字高对照表

字类	汉字	外文	数字	字类	汉字	外文	数字
字级（K 数）	字高/mm	字高/mm	字高/mm	字级（K 数）	字高/mm	字高/mm	字高/mm
7	1.50	1.2	1.2	18	4.00	3.2	3.5
8	1.75	1.4	1.4	20	4.50	3.7	4.0
9	2.00	1.6	1.6	24	5.50	4.2	4.5
10	2.25	1.8	1.8	28	6.00	5.0	5.0
11	2.50	2.0	2.0	32	7.50	6.0	6.0
12	2.75	2.2	2.2	33	8.50	7.0	7.0
13	3.00	2.4	2.4	44	10.50	8.0	8.5
14	3.25	2.6	2.6	50	11.50	9.0	10.0
15	3.50	2.8	2.8	56	12.50	10.0	11.0
16	3.75	3.0	3.0	62	14.00	11.0	12.0

（3）字向：地形图上的注记除公路说明注记，河宽、水深、底质、流速注记，等高线高程注记是随被注记的符号方向变化外，其他各种注记的字向都是朝北。

（4）字隔：原则是同一注记的字隔相等；同一物体的重复注记，各注记的字隔相等；每组注记间隔应大致相等。

字隔一般分为三种：①接近字隔；②普通字隔：字间距离小于 1～3mm；③隔离字隔：字间距离为字高的 1～5 倍或更大。图名的字隔以字数的多少决定，两个字的字隔为两个字宽，三个字的字隔为一个字的字宽，四个字以上的字隔为 2mm。

（5）字列：一般分为水平字列、垂直字列、雁行字列及屈曲字列等四种。

（6）字位：字位是指注记文字或数字相对于被说明的要素的位置，通常文字注记在上方或右方。特殊情况下，根据被注物体的大小、性质以及周围地物地貌的分布情况来决定，根据具体情况灵活掌握。通常有上方字位、右方字位及内方字位等三种位置。

2　CASS 成图

2.1　CASS9.0 系统介绍

CASS9.0 系统是南方测绘仪器公司在 AutoCAD 平台下开发的数字化成图软件（故深入掌握 AutoCAD 对于熟练使用 CASS9.0 软件有明显的提升作用，特别是在批量图形编辑整理以及软件定制方面有很大的帮助），其具有平台更新快、编辑功能丰富、定制及开发简单等特点。其提供了较为丰富的作业模式，数据可以直通 GIS 系统，还有较强的地籍与图幅管理功能和一定的工程计算与应用的功能。

CASS9.0 的操作界面主要分为顶部菜单面板、右侧屏幕菜单和工具栏、属性面板，如图 4.22 所示。每个菜单项均以对话框或命令行提示的方式与用户交互应答，操作灵活方便。

图 4.22 CASS9.0 界面

2.2 CASS9.0 **地形图绘制的基本流程**

地形图绘制的基本流程如图 4.23 所示。CASS 9.0 成图模式有多种，这里主要介绍“点号定位”的成图模式。例图的路径为 C:\CASS 9.0\demo\study.dwg（以安装在 C:盘为例）。

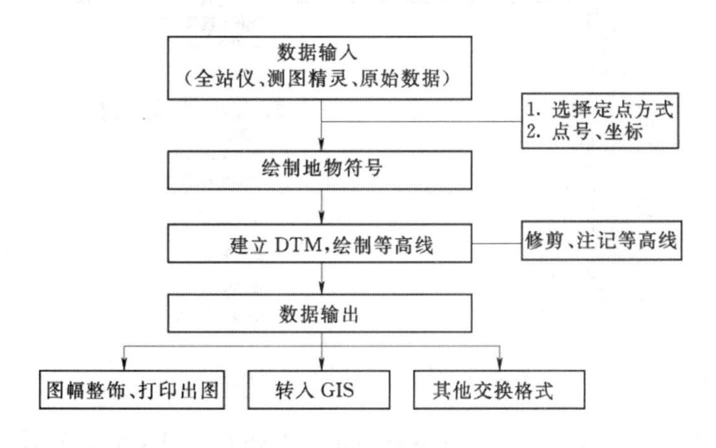

图 4.23 地形图绘制流程图

2.2.1　数据输入

一般是采用厂商提供的专用软件读取全站仪数据，也可通过 CASS 软件“数据”菜单下的“读取全站仪数据”功能读取受该软件支持的全站仪的数据。还可通过测图精灵和手工输入原始数据来输入。如图 4.24 和图 4.25 所示。

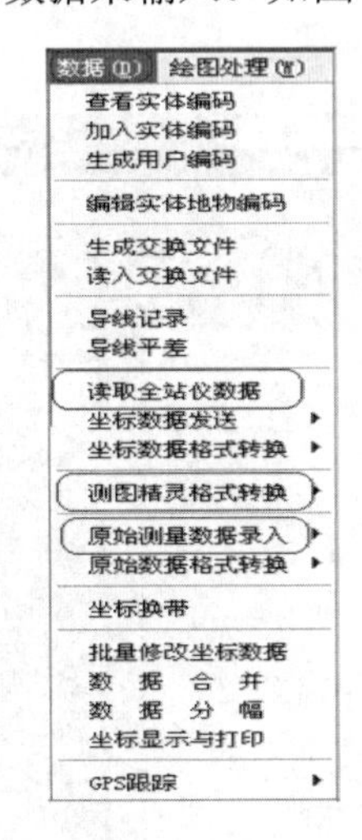

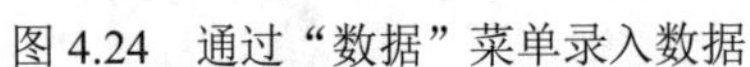
图 4.24　通过“数据”菜单录入数据

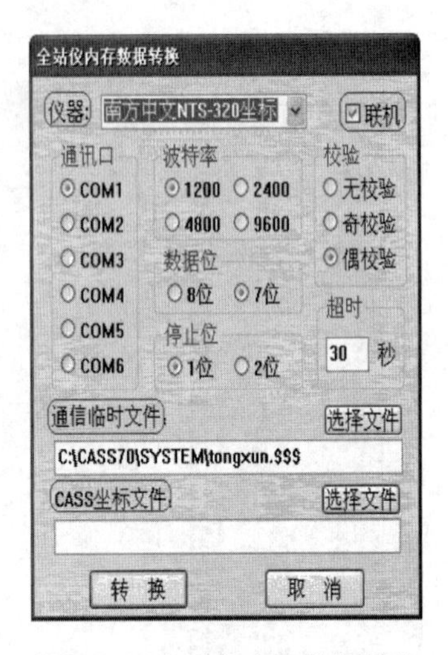

图 4.25　全站仪内存数据转换

如果仪器类型里无所需型号或无法通信，可先用仪器自带的传输软件将数据下载。将“联机”去掉，“通信临时文件”选择下载的数据文件，“CASS 坐标文件”输入文件名。点击“转换”，也可完成数据的转换。

2.2.2　展点

先移动鼠标至屏幕的顶部菜单“绘图处理”项按左键，这时系统弹出一个下拉菜单。再移动鼠标选择“展野外测点点号”项，如图 4.26 所示。

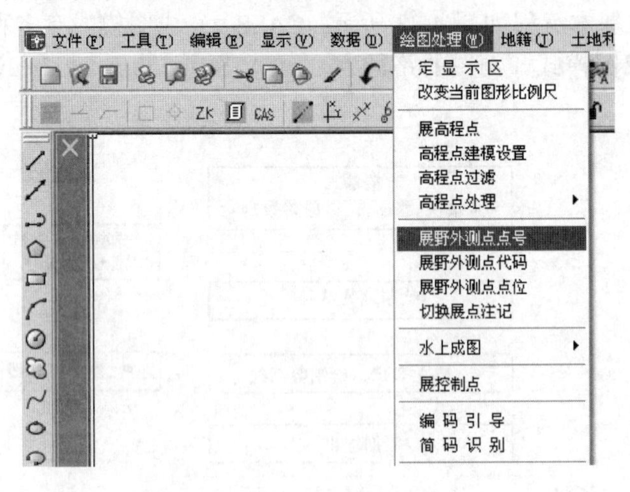

图 4.26　选择“展野外测点点号”

输入对应的坐标数据文件名 C:\CASS 9.0\DEMO\STUDY.DAT 后，便可在屏幕上展出野外测点的点号，如图 4.27 所示。

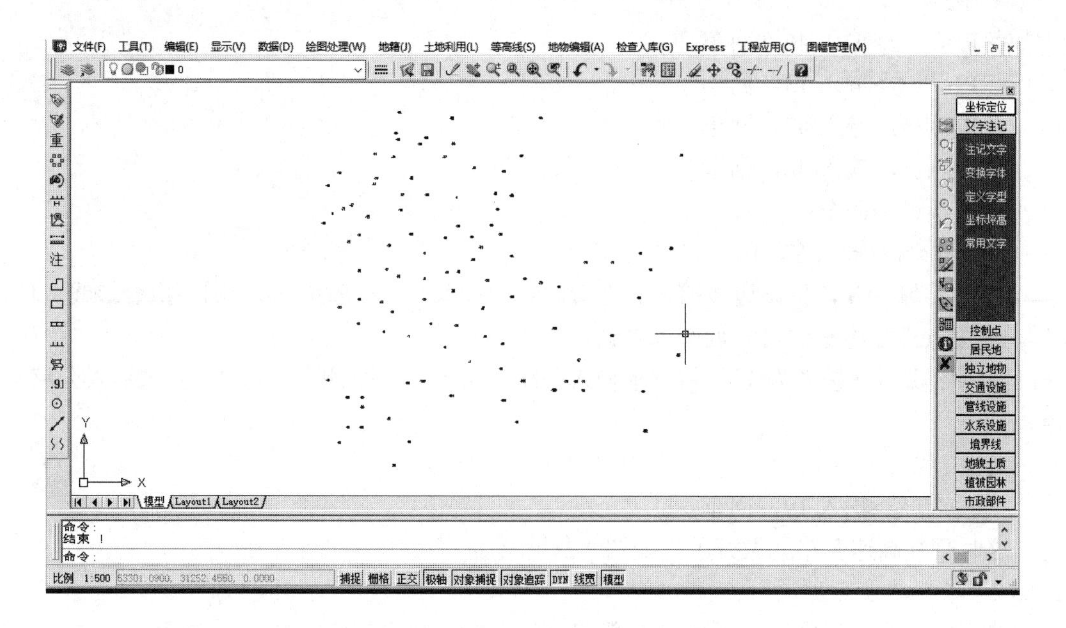

图 4.27 STUDY.DAT 展点图

2.2.3 绘平面图

2.2.3.1 绘制“平行高速公路”

选择右侧屏幕菜单的“交通设施/城际公路”按钮，弹出如图 4.28 所示的“城际公路”界面。

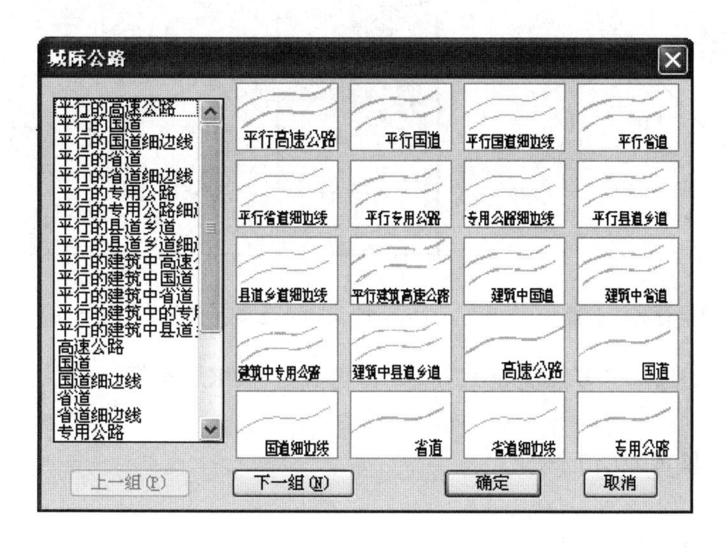

图 4.28 “城际公路”界面

找到“平行高速公路”并选中，再点击“OK”，命令区提示：

绘图比例尺 1:输入 500，回车。

点 P/<点号>输入 92，回车。

点 P/<点号>输入 45，回车。

点 P/<点号>输入 46，回车。

点 P/<点号>输入 13，回车。

点 P/<点号>输入 47，回车。

点 P/<点号>输入 48，回车。

点 P/<点号>回车。

拟合线<N>?输入 Y，回车。

[说明：输入 Y，将该边线拟合成光滑曲线；输入 N（缺省为 N），则不拟合该线。]

1. 边点式/2.边宽式<1>:回车（默认 1）

[说明：选 1（缺省为 1），将要求输入公路对边上的一个测点；选 2，要求输入公路宽度。]

对面一点

点 P/<点号>输入 19，回车。

这时平行高速公路就做好了，如图 4.29 所示。

2.2.3.2　绘制“多点房屋”：

选择右侧屏幕菜单的“居民地/一般房屋”选项，弹出如图 4.30 所示界面。

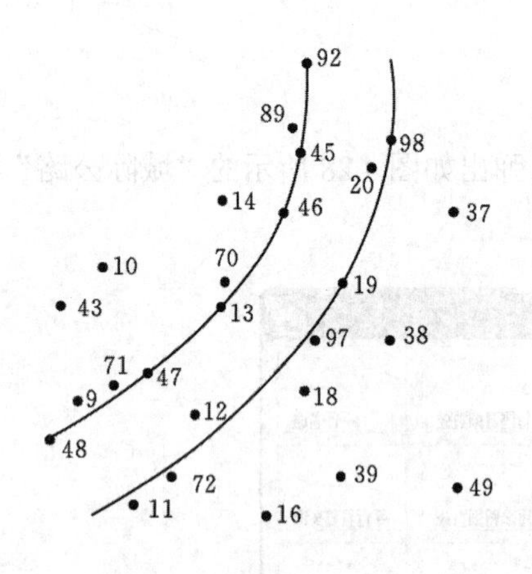

图 4.29　做平行高速公路

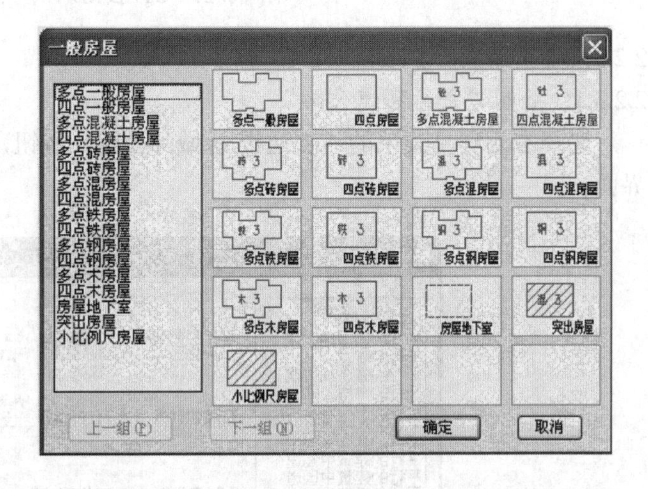

图 4.30　选择屏幕菜单“居民地/一般房屋”

先用鼠标左键选择“多点混凝土房屋”，再点击“OK”按钮。命令区提示：

第一点：

点 P/<点号>输入 49，回车。

指定点：

点 P/<点号>输入 50，回车。

闭合 C/隔一闭合 G/隔一点 J/微导线 A/曲线 Q/边长交会 B/回退 U/点 P/<点号>输入 51，回车。

闭合 C/隔一闭合 G/隔一点 J/微导线 A/曲线 Q/边长交会 B/回退 U/点 P/<点号>输入 J，回车。

点 P/<点号>输入 52，回车。

闭合 C/隔一闭合 G/隔一点 J/微导线 A/曲线 Q/边长交会 B/回退 U/点 P/<点号>输入 53，回车。

闭合 C/隔一闭合 G/隔一点 J/微导线 A/曲线 Q/边长交会 B/回退 U/点 P/<点号>输入 C，回车。

输入层数:<1>回车（默认输 1 层）。

[**说明：**选择多点混凝土房屋后自动读取地物编码，用户不需逐个记忆。从第三点起弹出许多选项（具体操作见《CASS9.0 参考手册》第一章关于屏幕菜单的介绍），这里以“隔一点”功能为例，输入 J，输入一点后系统自动算出一点，使该点与前一点及输入点的连线构成直角。输入 C 时，表示闭合。]

2.2.3.3　用命令行绘制多点房屋

再绘制一个多点混凝土房，熟悉一下命令行绘图的操作过程。命令区提示：

Command: dd

输入地物编码:<141111>141111

第一点:点 P/<点号>输入 60，回车。

指定点:

点 P/<点号>输入 61，回车。

闭合 C/隔一闭合 G/隔一点 J/微导线 A/曲线 Q/边长交会 B/回退 U/点 P/<点号>输入 62，回车。

闭合 C/隔一闭合 G/隔一点 J/微导线 A/曲线 Q/边长交会 B/回退 U/点 P/<点号>输入 a，回车。

微导线 - 键盘输入角度（K）/<指定方向点（只确定平行和垂直方向）>用鼠标左键在 62 点上侧一定距离处点一下。

距离<m>:输入 4.5，回车。

闭合 C/隔一闭合 G/隔一点 J/微导线 A/曲线 Q/边长交会 B/回退 U/点 P/<点号>输入 63，回车。

闭合 C/隔一闭合 G/隔一点 J/微导线 A/曲线 Q/边长交会 B/回退 U/点 P/<点号>输入 j，回车。

点 P/<点号>输入 64，回车。

闭合 C/隔一闭合 G/隔一点 J/微导线 A/曲线 Q/边长交会 B/回退 U/点 P/<点号>输入 65，回车。

闭合 C/隔一闭合 G/隔一点 J/微导线 A/曲线 Q/边长交会 B/回退 U/点 P/<点号>输入 C，回车。

输入层数:<1>输入 2，回车。

[**说明：**“微导线”功能由用户输入当前点至下一点的左角（度）和距离（米），输入后软件将计算出该点并连线。要求输入角度时若输入 K，则可直接输入左向转角，若直接用鼠标点击，只可确定垂直和平行方向。此功能特别适合知道角度和距离但看不到点位置的情况，如房角点被树或路灯等障碍物遮挡时。]

两栋房子和平行高速公路绘制好后，效果如图 4.31 所示。

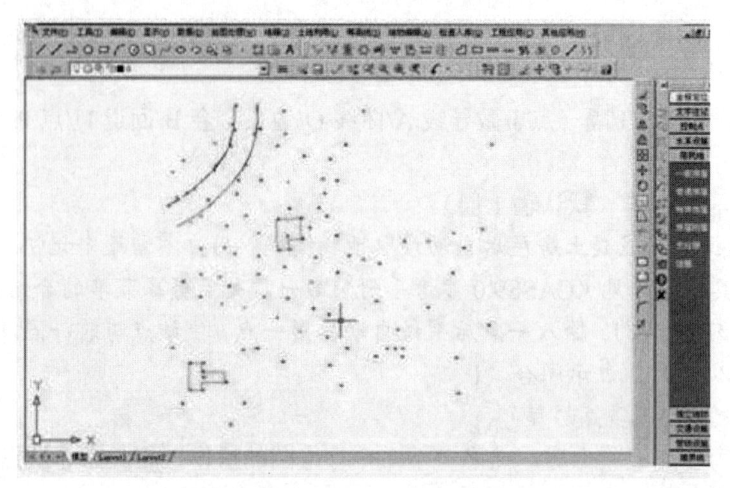

图 4.31　绘制好的两栋房子和平行高速公路

2.2.3.4　其他地物绘制

类似以上操作，分别利用右侧屏幕菜单绘制其他地物。

在“居民地”菜单中，用 3、39、16 三点完成利用三点绘制 2 层砖结构的四点房；用 68、67、66 绘制不拟合的依比例围墙；用 76、77、78 绘制四点棚房。

在“交通设施”菜单中，用 86、87、88、89、90、91 绘制拟合的小路；用 103、104、105、106 绘制拟合的不依比例乡村路。

在“地貌土质”菜单中，用 54、55、56、57 绘制拟合的坎高为 1m 的陡坎；用 93、94、95、96 绘制不拟合的坎高为 1m 的加固陡坎。

在“独立地物”菜单中，用 69、70、71、72、97、98 分别绘制路灯；用 73、74 绘制宣传橱窗；用 59 绘制不依比例肥气池。

在“水系设施”菜单中，用 79 绘制水井。

在“管线设施”菜单中，用 75、83、84、85 绘制地面上输电线。

在“植被园林”菜单中，用 99、100、101、102 分别绘制果树独立树；用 58、80、81、82 绘制菜地（第 82 号点之后仍要求输入点号时直接回车），要求边界不拟合，并且保留边界。

在“控制点”菜单中，用 1、2、4 分别生成埋石图根点，在提问点名、等级:时分别输入 D121、D123、D135。

最后选取“编辑”菜单下的“删除”，点击其二级菜单下的“删除实体所在图层”，鼠标符号变成了一个小方框，用左键点取任意一个点号的数字注记，所展点的注记将被删除。平面图做好后效果如图 4.32 所示。

2.2.4　绘等高线

（1）展高程点：用鼠标左键点取“绘图处理”菜单下的“展高程点”，将会弹出数据文件的对话框，找到 C:\Program Files\CASS 9.0\DEMO\STUDY.DAT，选择“确定”，命令区提示：注记高程点的距离（m）:直接回车，表示不对高程点注记进行取舍，全部展出来。

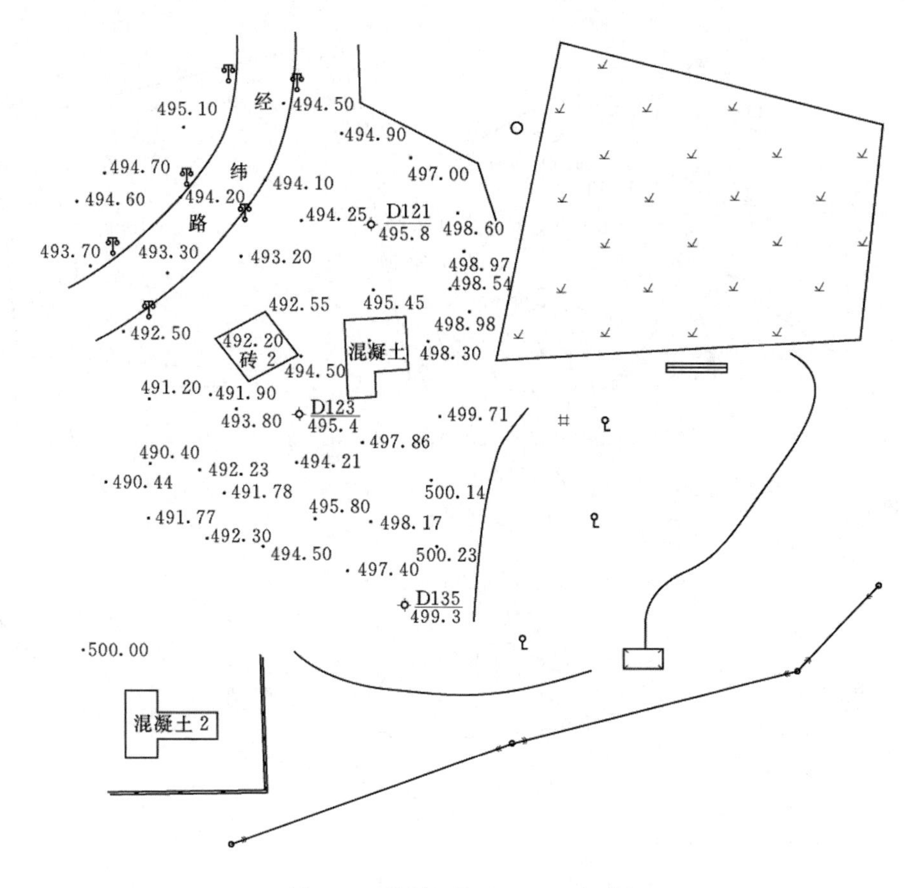

图 4.32 绘制好的 STUDY 平面图

（2）建立 DTM 模型：用鼠标左键点取“等高线”菜单下“建立 DTM”，弹出如图 4.33 所示对话框。根据需要选择建立 DTM 的方式和坐标数据文件名，然后选择建模过程是否考虑陡坎和地性线，选择“确定”，生成如图 4.34 所示 DTM 模型。

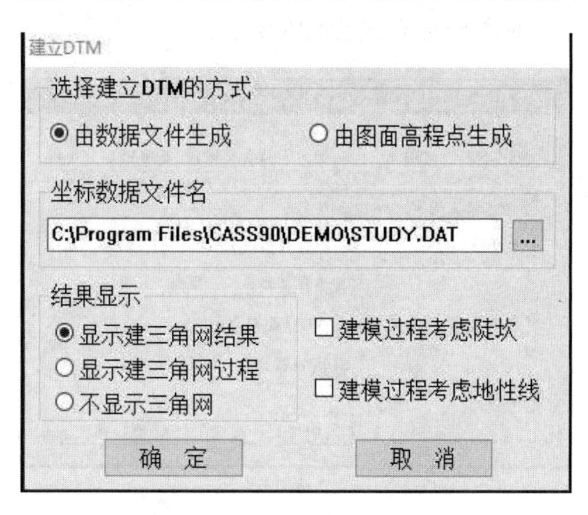

图 4.33 建立 DTM 对话框

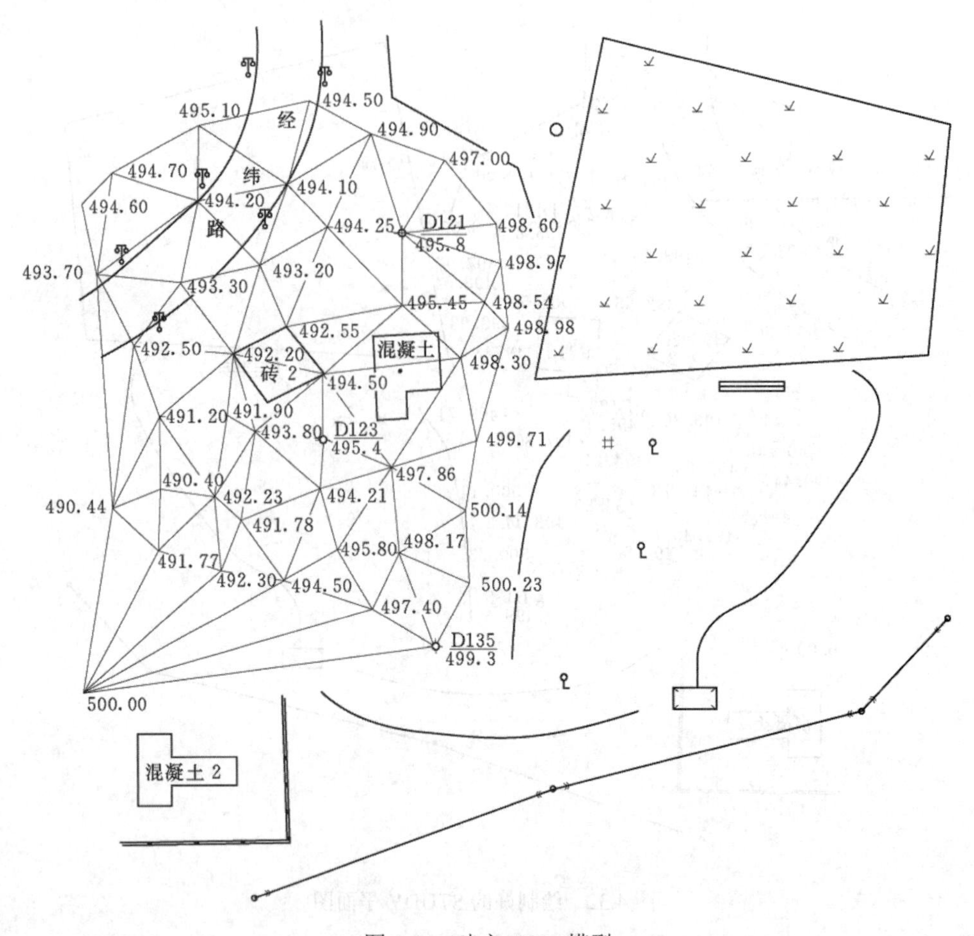

图 4.34　建立 DTM 模型

（3）绘等高线：用鼠标左键点取“等高线/绘制等高线”，弹出如图 4.35 所示对话框。输入等高距后选择拟合方式后“确定”。则系统马上绘制出等高线。再选择“等高线”菜单下的“删三角网”，这时屏幕显示如图 4.36 所示。

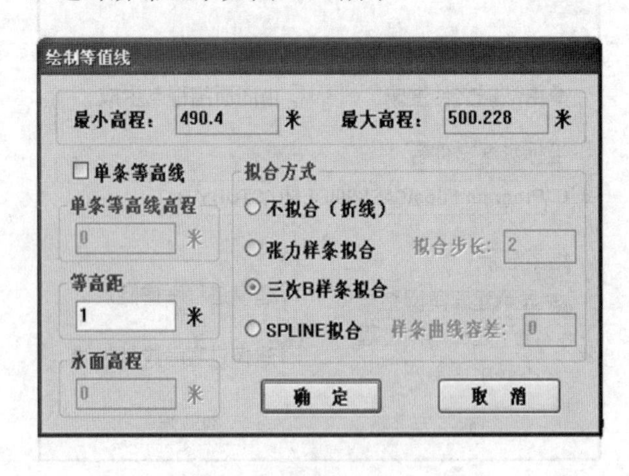

图 4.35　绘制等高线对话框

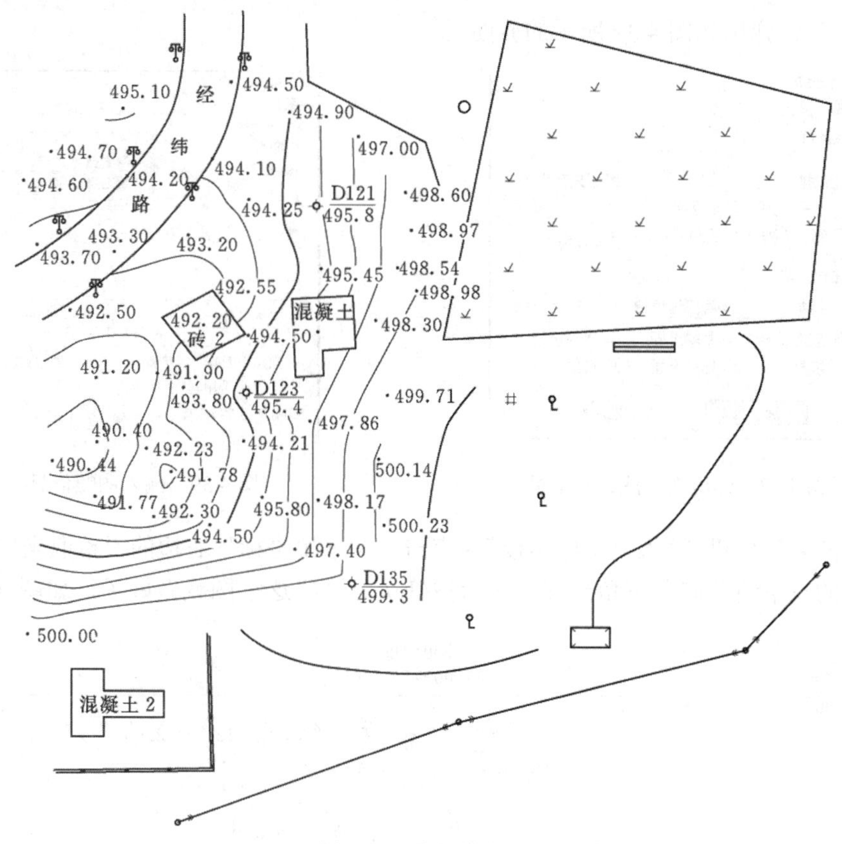

图 4.36　绘制等高线

（4）等高线的修剪：利用“等高线”菜单下的“等高线修剪”二级菜单，如图 4.37 所示。用鼠标左键点取“批量修剪等高线”，选择“建筑物”，软件将自动搜寻穿过建筑物的等高线并将其进行整饰。点取“切除指定二线间等高线”，依提示依次用鼠标左键选取左上角的道路两边，CASS 9.0 将自动切除等高线穿过道路的部分。点取“切除穿高程注记等高线”，CASS 9.0 将自动搜寻，把等高线穿过注记的部分切除。

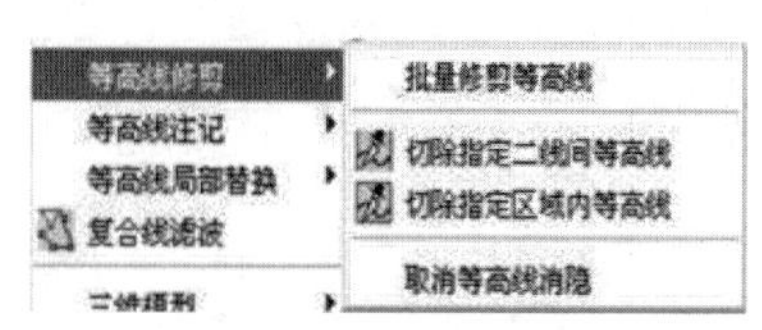

图 4.37　“等高线修剪”菜单

2.2.5　加注记

下面在平行等外公路上加“经纬路”三个字。

首先在需要添加文字注记的位置绘制一条拟合的多功能复合线，然后用鼠标左键点取右侧屏幕菜单的“文字注记-通用注记”项，弹出如图 4.38 所示的界面，在注记内容中输入“经纬路”并选择注记排列和注记类型，输入文字大小，确定后选择绘制的拟合的多功能复合线即可完成注记。

经过以上各步操作，图形编辑绘制就全部完成了。

2.2.6　加图框

用鼠标左键点击“绘图处理”菜单下的“标准图幅

（50×40）”，弹出如图 4.39 所示的界面。

文字注记信息
注记内容
经纬路
注记排列
○水平字列　○垂直字列
○雁行字列　◉屈曲字列
图面文字大小
3 毫米
☑字头朝北
注记类型
○控制点　○居民地垣栅　○工矿建筑物
◉交通设施　○管线设施　○水系设施
○境界　○地貌土质　○植被
确　定　取　消

图 4.38　弹出文字注记对话框

图 4.39　输入图幅信息

在“图名”栏里，输入“水电学校”；点击“左下角坐标”右边的“拾取坐标”图标，点击图面的左下角获取左下角坐标，然后按确认。这样这幅图就做好了，如图 4.40 所示。

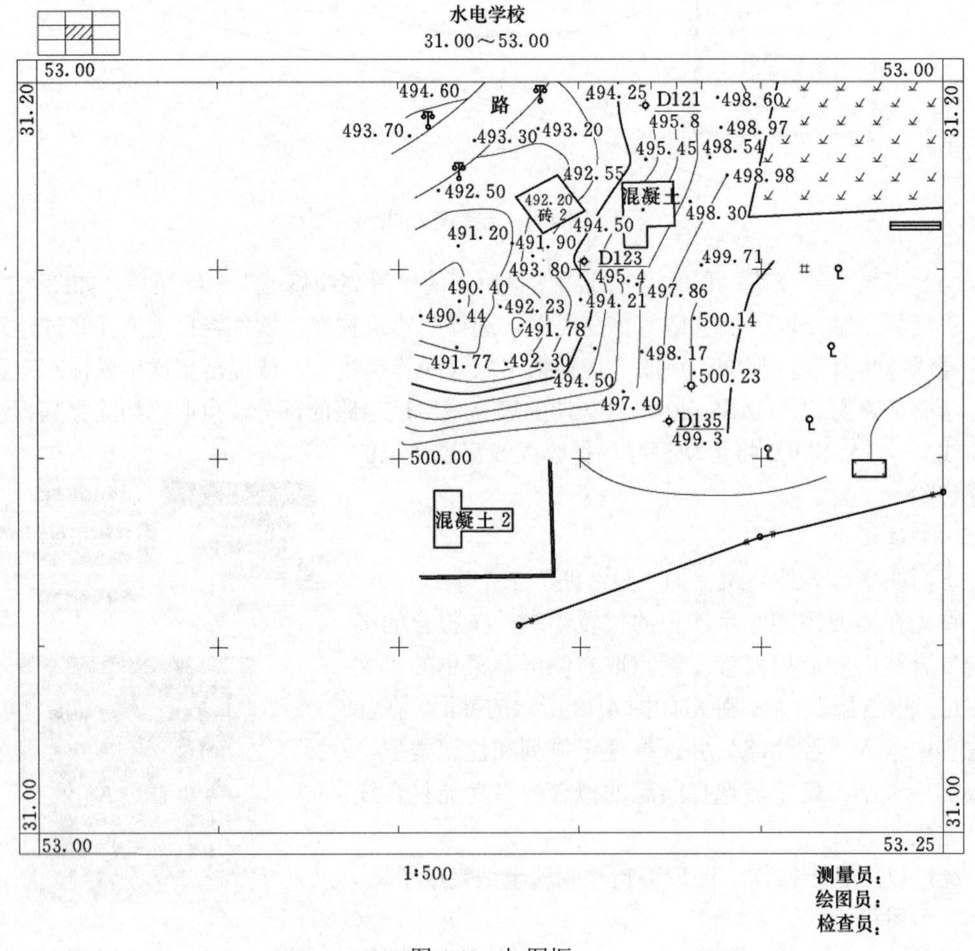

图 4.40　加图框

2.2.7 绘图输出

用鼠标左键点取“文件”菜单下的“用绘图仪或打印机出图”，进行绘图。

选好图纸尺寸和图纸方向之后，用鼠标左键点击“窗选”按钮，用鼠标圈定绘图范围。将“打印比例”一项选为“2:1”（表示满足1:500比例尺的打印要求），通过“部分预览”和“全部预览”可以查看出图效果，满意后即可单击“确定”按钮进行绘图，如图4.41所示。

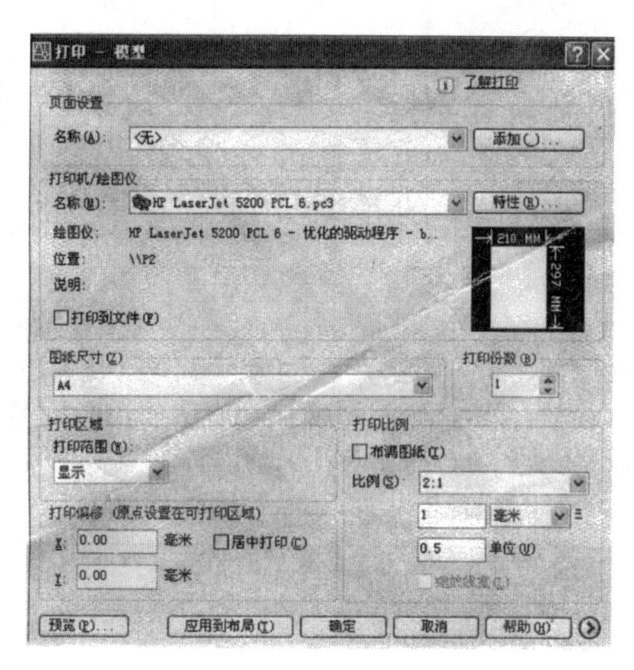

图4.41 用绘图仪出图

3 图形整饰

3.1 工作单元的划分

数字化测图的外业一般没有图幅的概念,而是以自然界线（以路、河、山脊等为界线，以自然地块进行分块测绘）来划分作业组的工作范围。这样便可自然地组织施测工作,更为重要的是可以减少地物接边问题带来的麻烦（相当于由于起算控制点的不同而导致的起算误差或控制点图形不良导致的最弱点的误差都挤压在河流、道路之中，而这部分误差相对于河流、道路来说，影响相对较小）。

3.2 图块接边

图幅编辑完成之后，要进行图块的拼接，目的是将其拼成一副完整的地形图。相临图幅应自然接边，图形上的线要素与面要素既要进行几何位置接边，又要进行属性接边，直线地物要素在接边时应保持其直线性。另外，无论是母线数据，还是制图数据，相邻图幅同一地物要素的分类代码、颜色、线形、方向要保持一致，特别是地物地貌的相互位置和走向保持正确，地物要素符号应保持完整。平面位置、高程中误差在接边时应不大于规范的$2\sqrt{2}$倍，小于限差时应相互配赋。

3.3　分幅

大比例地形图（1∶500～1∶5000）一般采用矩形分幅，图幅大小的规定见表 4.5。

表 4.5　　大比例尺地形图分幅规定

比例尺	图幅大小/cm×cm	实地面积/km^2	坐标线间隔/cm	图幅数
1∶5000	40×40	4	10	1
1∶2000	50×50	1	10	4
1∶1000	50×50	0.25	10	16
1∶500	50×50	0.0625	10	64

3.4　图号

图号的生成，一般采用该图幅西南角的纵横坐标千米数编号法，除 1∶500 的图号取值到 0.01km 外，其余均取至 0.1km。大比例尺地形图多为工程设计施工用图，本着从实际出发，结合测区的特点，也可以灵活处理，一般还有如下三种常用的编号方法。

（1）流水编号法，一般从左至右、由上至下，用阿拉伯数字编号，见表 4.6。

表 4.6　　流 水 编 号 法

1	2	3	4	5	6
7	8	9	10	11	12

（2）行列编号法，一般从左至右为纵列，以阿拉伯数字表示，由上至下为横列，用大写英文字母表示，见表 4.7。

表 4.7　　行 列 编 号 法

A-1	A-2	A-3	A-4	A-5	A-6
B-7	B-8	B-9	B-10	B-11	B-12

（3）当测区面积较大且有多阶段多种比例尺地形图共存时，为了更好地反映各种比例尺之间的关系时，常采用图 4.42 的编号方法。

如图 4.42 在 1∶5000 比例尺图幅的基础上划分出 1∶2000～1∶500 比例尺图幅，分别用罗马数字Ⅰ、Ⅱ、Ⅲ、Ⅳ表示。左上角 1∶2000 图幅图号为 20-10-Ⅰ,右下角 1∶1000、1∶500 比例尺图幅的图号分别是 20-10-Ⅳ-Ⅰ,20-10-Ⅳ-Ⅳ-Ⅳ。

针对工程应用而测设的大比例尺地形图，由于范围宽窄、朝向等的不同，很难采用规则的分幅（形成图幅数很多而每幅图的内容较少），一般采用自由分幅，图幅大小采用通用幅面（A1、A2、A3、B1、B2、B3 等），编号采用流水编号法。

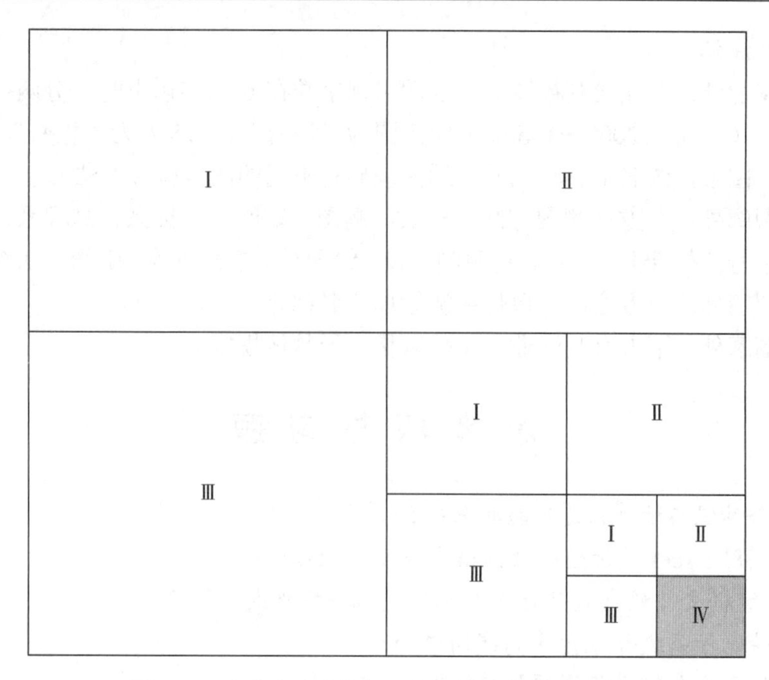

图 4.42　多阶段多种比例尺地形图共存的编号方法

3.5　图廓整饰

3.5.1　图廓样式

图廓样式如图 4.43 所示。

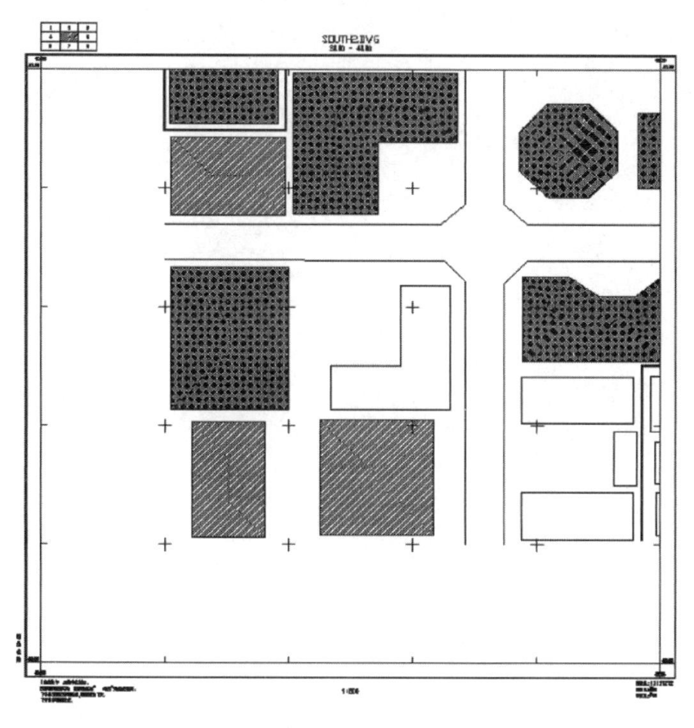

图 4.43　图廓样式

3.5.2　图廓外注记

（1）北图廓外：左端绘制接图表，邻图名称字数在 6 个字以上时，分两排注记；右端注明保密等级（一般 1:2000～1:500 大比例图为“秘密”，1:5 万为“机密”）；正中注本幅图的图名、图号，图名下方注图号（地区差异有不同的图号编号方法）。

（2）南图廓外：左方注测图方法、出版（测图）时间、坐标系、高程系、等高距、使用的图式版本号；右端注责任栏，标明测量员、绘图员、检查员等；中间注明图形比例尺。

（3）西图廓外：下方注出版单位或测绘单位名称。

（4）东图廓外：下方有时注业主单位名称（无具体规定）。

思考题与习题

1. 简述全站仪与计算机进行数据传输的方法。
2. 简述利用 Excel 进行坐标数据格式转换的操作步骤。
3. CASS 数据文件的格式是什么？如何进行数据格式的转换？
4. 如何绘制等高线并进行等高线的修饰？
5. 在 CASS 中如何进行图幅的接边？
6. 图形整饰的主要内容有哪些？
7. 如何进行文字注记的操作？

模块5　成果质量检查与技术总结

【模块概述】

成果质量检查验收工作必须严肃认真，按照技术规范的要求建立成果质量检查验收体系，将检查验收工作渗透到每个生产环节，把错误和遗漏消灭在生产过程中，按照技术规范要求制定各生产环节的检查验收标准，使检查验收和生产人员都做到有章可循、按章办事、违章必究。测绘成果不仅要正确可靠而且要整洁清晰，体现测绘成果的可靠性和严肃性。

【学习目标】

1. 知识目标

（1）了解大比例数字地形图成果检查程序。

（2）理解测绘成果质量检查与验收的术语。

（3）了解技术总结的意义和主要内容。

2. 技能目标

（1）能配合质检部门进行质量检查和验收。

（2）会编写简单地形图测绘项目的技术总结。

3. 态度目标

（1）团结写作，主动配合。

（2）具有独立思考解决问题的能力。

任务1　检　查　验　收

数字测图成果质量应通过二级检查一级验收方式进行控制，成果应依次通过测绘单位作业部门的过程检查、测绘单位质量管理部门的最终检查和项目管理单位组织的验收或委托具有资质的质量检验机构进行的质量验收。各级检查验收工作应独立、按顺序进行，不得省略、代替或颠倒顺序。

过程检查采用全数检查。过程检查应形成过程检查记录。

最终检查一般采用全数检查，涉及野外检查项的可采用抽样检查，样本以外的应实施内业全数检查。最终检查应审核过程检查记录。

验收一般采用抽样检查，质量检验机构应对样本进行详查，必要时可对样本以外的单位成果的重要检查项进行概查。验收应审核最终检查记录。

1　检查与验收的术语和定义

（1）单位成果：为实施检查、验收而划分的基本单位。宜以幅为单位。

（2）批成果：同一技术设计要求下生产的同一测区的单位成果的集合。

（3）批量：批成果中单位成果的数量。

（4）质量元素：说明质量的定量、定性组成部分。即成果满足规定要求和使用目的的基本特性。

（5）质量子元素：质量元素的组成部分，描述质量元素的一个特定方面。

（6）检查项：质量子元素的检查内容。说明质量的最小单位，质量检查和评定的最小实施对象。

（7）详查：对单位成果质量要求的所有检查项的检查。

（8）概查：对单位成果质量要求的特定检查项的检查。特定检查项一般指重要的、特别关注的质量要求或指标，或出现系统性的偏差、错误的检查项。

（9）样本：从批成果中抽取的用于评定批成果质量的单位成果集合。

（10）样本量：样本中单位成果的数量。

（11）全数检查：对批成果中全部单位成果逐一进行的详查。

（12）抽样检查：从批成果中按抽样方案抽取样本进行的检查。

2　检查验收工作程序

验收工作程序：组成批成果→确定样本量→抽取样本→检查→单位成果质量评定→批成果质量判定→编制检验报告。

（1）组成批成果：批成果应由同一技术设计书指导下生产的同等级、同规格单位成果汇集而成。生产量较大时，可根据生产时间的不同、作业方法不同或作业单位不同等条件分别组成批成果，实施分批检验。

（2）确定样本量：按表 5.1 的规定确定样本量。

表 5.1　　批量与样本量对照表

批成果数量	样本量	批成果数量	样本量
≤20①	3	121～140	12
21～40	5	141～160	13
41～60	7	161～180	14
61～80	9	181～200	15
81～100	10	≥201	分批次提交，批次数量应最小，各批次的批量应均匀
101～120	11		

① 当批量不大于 3 时，样本量等于批量，为全数检查。

（3）抽取样本：采用分层按比例随机抽样的方法从批成果中抽取样本，即将批成果按不同班组、不同设备、不同环境、不同困难类别、不同地形类别等因素分成不同的层。根据样本量，在各层内分别按各层在批成果中所占比例确定各层中应抽取的单位成果数量，并使用简单随机抽样法抽取样本。提取批成果的有关资料，如技术设计书、技术总结、检查报告、接合表、图幅清单等。

（4）检查：详查应根据单位成果的质量元素及相应的检查项，按项目技术要求逐一检查样本内的单位成果，并统计存在的各类错漏数量、错误率、中误差等。根据需要，对样本外单位成果的重要检查项或重要要素以及详查中发现的普遍性、倾向性问题进行检查，并统计存在的各类错漏数量、错误率、中误差等。

（5）单位成果质量评定：根据详查和概查的结果，按规定评定单位成果质量。

（6）批成果质量判定：根据单位成果质量评定结果，按规定判定批成果质量。

（7）编制检验报告：根据检查情况及结果编写检验报告。检验报告包括检验工作概况、受检成果概况、检验依据、抽样情况、检验内容及方法、主要质量问题及处理、质量统计及质量综述和附图、附表等内容。

3 质量评价体系

3.1 质量评价方法

数字测绘成果质量元素一般包括空间参考系、位置精度、属性精度、完整性、逻辑一致性、时间精度、影像/栅格质量、表征质量和附件质量，根据技术设计、成果类型或用途等具体情况，可以扩充或调整。如数字线划图分为建库数据与制图数据，其质量元素及质量子元素见表 5.2。

表 5.2 数字线划图质量元素及质量子元素表

质量元素	描 述	建库数据质量子元素	制图数据质量子元素
空间参考系	空间参考系使用的正确性	大地基准	大地基准
		高程基准	高程基准
		地图投影	地图投影
位置精度	要素位置的准确程度	平面精度	平面精度
		高程精度	高程精度
属性精度	要素属性值的准确程度、正确性	属性项完整性	
		分类正确性	分类正确性
		属性正确性	属性正确性
完整性	要素的多余和遗漏	数据层的完整性	要素完整性
		数据层内部文件的完整性	
		要素完整性	
逻辑一致性	对数据结构、属性及关系的逻辑规则的遵循程度	概念一致性	概念一致性
		格式一致性	格式一致性
		拓扑一致性	拓扑一致性
时间准确度	要素时间属性和时间关系的准确程度	数据更新	数据更新
		数据采集	数据采集
元数据质量	元数据的完整性、正确性	元数据完整性	元数据完整性
		元数据正确性	元数据正确性

续表

质量元素	描　述	建库数据质量子元素	制图数据质量子元素
表征质量	对几何形态、地理形态、图式及设计的符合程度	几何表达	几何表达
			符号正确性
		地理表达	地理表达
			注记正确性
			图廓整饰正确性
附件质量	各类附件的完整性、准确程度	图历簿质量	图历簿质量
		附属文档质量	附属文档质量

3.2　质量元素的一般规定

3.2.1　空间参考系与成果规格

采用的坐标系统、高程及深度基准、地图投影及投影参数正确，地图分幅与编号符合相应比例尺地形图测图规范的规定。

3.2.2　位置精度

3.2.2.1　平面精度的要求

（1）地图的内图廓点、公里格网或经纬网交点、控制点等的坐标值符合理论值和已测坐标值。

（2）地图上的实测数据，其地物点对邻近野外控制点位置中误差以及邻近地物点间的距离中误差不大于相应比例尺地形图测图规范的规定。

（3）地图数字化采集的数字地图，其点位目标位移偏差不大于 $\pm 0.1 \cdot M$mm（M 为比例尺分母，下同），线状目标位移偏差不大于 $\pm 0.2 \cdot M$mm。

（4）相邻图幅接边无漏洞。

（5）矢量数据接边，其图形平滑自然，几何位置在限差之内，属性一致。

（6）输出的用于印刷的各分色版，其套合误差不超过 0.2mm。

3.2.2.2　高程精度的要求

（1）各类控制点的高程值符合已测高程值。

（2）地图上的实测数据，其中高程注记点和等高线对邻近高程控制点的高程中误差符合相应比例尺地形图测图规范的规定。

（3）地图数字化采集的数字地图，其高程点和等高线的高程值正确，无地理适应性矛盾。

（4）地图等高距符合相应比例尺地形图测图规范的规定。

3.2.3　属性精度

属性精度要求如下。

（1）矢量数据代码符合相关技术文件的规定。

（2）解译分类符合要求。

（3）描述地形要素的各种属性项名称、类型、长度、顺序、个数等属性项定义符合要求。

（4）描述地形要素的各种属性值正确无误。

3.2.4 完整性

完整性要求如下。

（1）各种地物要素完整，无遗漏或多余、重复现象。

（2）地物要素分层正确，无遗漏层或多余层、重复层现象。

（3）数据层内部各层应包括的文件完整，无遗漏或多余文件。

（4）各种名称及注记正确、完整，无遗漏或多余、重复现象。

3.2.5 逻辑一致性

逻辑一致性要求如下。

（1） 描述地形要素类型（点、线、面等）定义符合要求。

（2） 数据层、数据集定义符合要求，要素类在正确的层或数据集中。

（3） 数据文件存储组织符合要求。

（4）数据文件格式符合要求。

（5）数据文件完整，无缺失。

（6）数据文件命名符合要求。

（7）要素间拓扑关系定义正确。

（8）重合要素（或应重合部分）只数字化一次，复制到相应数据层中。

（9）线段相交或相接，无悬挂或过头现象。

（10）连续地物保持连续，无错误的伪节点现象。

（11）闭合要素保持封闭，辅助线正确。

（12）应断开的要素处理符合要求。

3.2.6 时间准确度

时间准确度要求如下。

（1）数据源生产日期符合要求。

（2）生产过程中按要求使用了现势资料，尤其是针对水库、渠道、公路、铁路、境界、地名等要素使用了现势性强的资料。

（3）按更新要求使用现势性资料对数据库进行了动态或定期更新。

3.2.7 元数据质量

元数据质量要求如下。

（1）元数据内容完整，无多余、重复或遗漏现象。

（2）元数据内容正确。

3.2.8 图面表征质量

图面表征质量要求如下。

（1）要素几何类型表达正确。

（2）线划光滑，自然，节点密度适中，形状保真度强，无折刺、回头线、粘连、自相交、抖动、变形扭曲等现象。

（3）有方向性的地物符号方向正确。

（4） 要素综合取舍与图形概括符合相应比例尺地形图测图规范或编绘规范的要求，并能正确反映各要素的分布地理特点和密度特征。

（5）地图符号使用正确，其颜色、尺寸、定位等符合要求。

（6）地图符号配置合理，保持规定的间隔，清晰、易读。

（7） 注记选取与配置密度符合要求。

（8）注记字体、字大、字向、字色符合要求，配置合理，清晰、易读，指向明确无歧义。

（9） 图廓内外整饰符合要求，无错漏、重复现象。

3.2.9　附件质量

附件指应随数字测绘成果上交的资料，一般包括图历簿，制图过程中所使用的参考资料、控制点成果资料，数据图幅清单，专业设计书、检查验收报告等。附件应符合以下要求.

（1）图历簿填写正确、完整，无错漏、重复现象。能正确反映测绘成果的质量情况及测制过程。

（2）其他所要求上交的附件完整，无缺失。

4　质量检查

4.1　检查项及检查内容

检查项的选定原则如下。

（1）依据技术文件中规定的技术要求、质量要求，选取或扩充本标准规定的质量元素及其质量子元素、检查项。检查项应在检查报告、检验报告中完整描述。

（2）详查应根据成果的类型和特征，全面覆盖技术文件中规定的技术要求、质量要求，质量元素及其质量子元素、检查项不应有遗漏和错位使用现象。

（3）概查应根据成果的类型和特征，选取重要的、有针对性的或可能出现系统性错误的检查项。数字线划制图数据的检查项及检查内容见表 5.3。

表 5.3　**检查项及检查内容**

质量元素	质量子元素	检 查 项	检 查 内 容
空间参考系	大地基准	坐标系统	检查坐标系统是否符合要求
	高程基准	高程基准	检查高程基准是否符合要求
	地图投影	投影参数	检查地图投影各参数是否符合要求
		图幅分幅	检查图廓角点坐标、内图廓线坐标、公里网线坐标是否符合要求
位置精度	平面精度	平面位置中误差	检查平面位置中误差
		控制点坐标	检查控制点平面坐标处理不符合要求的个数
		几何位移	检查要素几何位置偏移超限的个数
		矢量接边	检查要素几何位置接边错误的个数。属性接边纳入属性精度检查
	高程精度	等高距	检查等高距是否符合要求
		高程注记点高程中误差	检查高程注记点高程中误差
		等高线高程中误差	检查等高线高程中误差
		控制点高程	检查控制点高程值处理不符合要求的个数

续表

质量元素	质量子元素	检 查 项	检 查 内 容
属性精度	分类正确性	分类代码值	检查要素分类代码值错漏的个数。包括分类代码值不接边的错误
		影像解译分类	检查影像解译分类错漏的个数
	属性正确性	属性值	检查属性值错漏的个数。包括属性值不接边的错误
完整性	多余	要素多余	检查要素多余的个数。包括非本层要素，即要素放错层
	遗漏	要素遗漏	检查要素遗漏的个数
逻辑一致性	概念一致性	属性项	检查属性项定义是否符合要求（如名称、类型、长度、顺序数等）
		数据集	检查数据集（层）定义是否符合要求
	格式一致性	数据归档	检查数据文件存储组织是否符合要求
		数据格式	检查数据文件格式是否符合要求
		数据文件	检查数据文件是否缺失、多余、数据无法读出
		文件命名	检查数据文件名称是否符合要求
	拓扑一致性	拓扑关系	检查拓扑关系定义是否符合要求
		重合	检查不重合的错误个数
		重复	检查重复要素的个数
		相接	检查要素未相接的错误个数（如错误的悬挂点现象等）
		连续	检查要素不连续的错误个数（如错误的伪节点现象等）
		闭合	检查未闭合要素的错误个数
		打断	检查要素未打断的错误个数（如相交应打断而未打断等现象）
时间精度	现势性	原始资料	检查原始资料的现势性
		成果数据	检查成果数据的现势性
表征质量	几何表达	几何类型	检查要素几何类型点、线、面表达错误的个数
		几何异常	检查要素几何图形异常的个数。如极小的不合理面或极短的不合理线，折刺、回头线，粘连、自相交、抖动等
	地理表达	要素取舍	检查要素取舍错误的个数
		图形概括	检查图形概括错误的个数。如地物地貌局部特征细节丢失、变形
		要素关系	检查要素关系错误的处数
		方向特征	检查要素方向特征错误的个数
	符号	符号规格	检查符号规格（图形、颜色，尺寸、定位等）错误的个数
		符号配置	检查符号配置不合理的个数
	注记	注记规格	检查注记规格（字体、字大、字色等）错误的个数
		注记内容	检查注记内容错漏的个数
		注记配置	检查注记配置不合理的个数
	整饰	内图廓外整饰	检查内图廓外的注记及整饰是否符合要求
		内图廓线	检查内图廓线表示是否符合要求
		公里网线	检查公里网线表示是否符合要求
		经纬网线	检查经纬网线表示是否符合要求

续表

质量元素	质量子元素	检查项	检查内容
附件质量	元数据	项错漏	检查元数据项错漏个数
		内容错漏	检查元数据各项内容错漏个数
	图历簿	内容错漏	检查图历簿各项内容错漏个数
	附属文档	完整性	检查单位成果附属资料的完整性
		正确性	检查单位成果附属资料的正确性
		权威性	检查单位成果附属资料的权威性

4.2　质量检查方法及质量问题处理

数字测图成果实行过程检查、最终检查和验收制度（二级检查一级验收）。过程检查由生产单位检查人员承担，最终检查由生产单位的质量管理机构负责实施，验收工作由任务的委托单位组织实施，或由该单位委托具有检验资格的检验机构验收。

4.2.1　提交检查验收的资料

提交检查验收的资料包括技术设计书、技术总结、数据文件（包括图幅内外整饰性文件、元数据文件等）、输出的检查图、技术规定或技术设计书规定的其他文件资料等。

4.2.2　检查验收依据

检查验收依据包括有关的法律法规，有关国家标准、行业标准、技术设计书、测绘任务书、合同书和委托验收文件等。

4.2.3　记录及报告

检查验收记录包括质量问题及其处理记录、质量统计记录等。记录填写应及时、完整、规范、清晰。最终检查完成后，应编写检查报告；验收工作完成后，应编写检验报告。检查报告和检验报告随测绘成果一并归档。

4.2.4　数学精度检测

平面位置精度、高程精度及相对位置精度的检测，其检测点（边）应分布均匀、位置明显，检测点（边）数量视地物复杂程度、比例尺等具体情况确定，每幅图一般各选取 20～50 个（条）。在允许中误差 2 倍以内（含 2 倍）的误差值均应参与数学精度统计，超过允许中误差 2 倍的误差视为粗差。

检测中误差按式（5.1）计算；当检测点（边）数量少于 20 时，以误差的算术平均值代替中误差；出现粗差时应统计粗差比例。

$$m=\pm\sqrt{\frac{\sum_{i=1}^{n}\varDelta_i^2}{n-1}} \tag{5.1}$$

式中　m——检测中误差；

n——检测点（边）总数；

$\varDelta_i$——较差。

4.2.5　检查方法

质量检查的主要方法如下。

（1）参考数据比对：与高精度数据、专题数据、生产中使用的原始数据、可收集到的国家各级部门公布、发布、出版的资料数据等各类参考数据对比，确定被检数据是否错漏或者获取被检数据与参考数据的差值。

（2）野外实测：与野外测量、调绘的成果对比，确定被检数据是否错漏或者获取被检数据与野外实测数据的差值。

（3）内部检查：检查被检数据的内在特性。

4.2.6 检查方式

质量检查使用以下方式。

（1）计算机自动检查：通过软件自动分析和判断结果。

（2）计算机辅助检查：通过人机交互检查、筛选并人工分析和判断结果。

（3）人工检查：不能通过软件检查，只能人工检查。

4.2.7 检验

根据测绘成果的内容与特性，分别采用详查和概查的方式进行检验。

（1）详查：根据各单位成果的质量元素及检查项，按要求逐个检验单位成果并统计存在的各类差错数量，评定单位成果质量。

（2）概查：对影响成果质量的主要项目和带倾向性的问题进行的一般性检查，一般只记录A类、B类错漏和普遍性问题。

4.2.8 质量问题处理

过程检查、最终检查中发现的质量问题应改正。验收中发现有不符合技术标准、技术设计书或其他有关技术规定的成果时，应及时提出处理意见，交测绘单位进行改正。当问题较多或性质较重时，可将部分或全部成果退回测绘单位重新处理然后再进行验收。

经验收判为合格的批，测绘单位或部门要对验收中发现的问题进行处理，然后进行复查。经验收判为不合格的批，要将检验批全部退回测绘单位或部门进行处理，然后再次申请验收。再次验收时应重新抽样。

5 成果质量评定

对成果进行检查以后，根据检查的结果，对单位成果、样本和批成果进行质量评定，并划分出质量等级。

5.1 质量元素评定指标

质量元素评定指标见表5.4。其中，m 为检测中误差，m_0 为中误差限值，r 为错误率，r_0 为错误率限值，n 为错误总个数，N 为全图要素总数，s 为质量元素分值。

当质量元素的检查项出现检查结果不满足合格条件时，不计分，质量元素为不合格；统计全图要素总数时，以数据中所有要素的数学个数进行统计，点、线、面、注记要素个数分别按数据中点、线、面、注记的数学个数统计；新扩充的检查项应明确检查内容、检查结果、技术要求、合格条件、合格后记分方法；出现整体或普遍问题，以及明显大于技术要求的错误率限值时，不用统计错漏个数，不用计算错误率和分值，质量元素为不合格；每一处错漏一般计为一个错误。

表 5.4　质量元素评定指标

质量元素	质量子元素	检查项	检查结果	技术要求	合格条件	合格后计分方法	质量元素分值 S	备　注
空间参考系	大地基准	坐标系统	符合/不符合	按技术设计执行	符合	$S=100$	100	
	高程基准	高程基准	符合/不符合	按技术设计执行	符合	$S=100$		
	地图投影	投影参数	符合/不符合	按技术设计执行	符合	$S=100$		
		图幅分幅	符合/不符合	按技术设计执行	符合	$S=100$		
位置精度	平面精度	平面位置中误差	m	m_0 按技术设计执行	$m \leqslant m_0$	$s=\begin{cases}60+\dfrac{40}{0.7\times m_0}(m_0-m): m>0.3m_0\\100 \quad : m\leqslant 0.3m_0\end{cases}$	取 S 的最小值	以单位成果进行统计，困难时可扩大统计范围
		控制点坐标	$r=n/N\times100\%$	$r_0=0\%$	$r \leqslant r_0$	$S=100$		n 为错误总个数，N 为全图要素总数
		几何位移	$r=n/N\times100\%$	极重要要素：$r_0=0\%$ 重要要素：$r_0=0.05\%$ 一般要素：$r_0=0.3\%$	$r \leqslant r_0$	$s=60+40/r_0\cdot(r_0-r)$		极重要要素、重要要素、一般要素分别计算分值，取最小值
		矢量接边						
	高程精度	等高距	符合/不符合	按技术设计执行	符合	$S=100$		
		高程注记点高程中误差	m	m_0 按技术设计执行	$m \leqslant m_0$	$s=\begin{cases}60+\dfrac{40}{0.7\times m_0}(m_0-m): m>0.3m_0\\100 \quad : m\leqslant 0.3m_0\end{cases}$		以单位成果进行统计，困难时可扩大统计范围
		等高线高程中误差	m	m_0 按技术设计执行	$m \leqslant m_0$	$s=\begin{cases}60+\dfrac{40}{0.7\times m_0}(m_0-m): m>0.3m_0\\100 \quad : m\leqslant 0.3m_0\end{cases}$		以单位成果进行统计，困难时可扩大统计范围
		控制点高程	$r=n/N\times100\%$	$r_0=0\%$	$r \leqslant r_0$	$S=100$		
属性精度	分类正确性	分类代码值	$r=n/N\times100\%$	极重要要素：$r_0=0\%$ 重要要素：$r_0=0.05\%$ 一般要素：$r_0=0.3\%$	$r \leqslant r_0$	$s=60+40/r_0\cdot(r_0-r)$	S	极重要要素、重要要素、一般要素分别计算分值，取最小值
		影像解译分类						
	属性正确性	属性值						

续表

质量元素	质量子元素	检查项	检查结果	技术要求	合格条件	合格后计分方法	质量元素分值 S	备注
完整性	多余	要素多余	$r=n/N\times100\%$	极重要要素：$r_0=0\%$ 重要要素：$r_0=0.05\%$ 一般要素：$r_0=0.3\%$	$r\leq r_0$	$s=60+40/r_0\cdot(r_0-r)$	S	极重要要素、重要要素、一般要素分别计算分值，取最小值。一组等高线、要素层多余或遗漏质量元素为不合格
	遗漏	要素遗漏						
逻辑一致性	概念一致性	属性项	符合/不符合	按技术设计执行	符合	S =100	取 S 的最小值	
		数据集	符合/不符合	按技术设计执行	符合	S =100		
	格式一致性	数据归档	符合/不符合	按技术设计执行	符合	S =100		
		数据格式	符合/不符合	按技术设计执行	符合	S =100		
		数据文件	符合/不符合	按技术设计执行	符合	S =100		
		文件命名	符合/不符合	按技术设计执行	符合	S =100		
	拓扑一致性	拓扑关系	符合/不符合	按技术设计执行	符合	S =100		
		重合	$r=n/N\times100\%$	重要要素：$r_0=0.07\%$ 一般要素：$r_0=0.4\%$ （极重要要素统计在重要要素中）	$r\leq r_0$	$s=60+40/r_0\cdot(r_0-r)$		极重要要素、重要要素、一般要素分别计算分值，取最小值
		重复						
		相接						
		连续						
		闭合						
		打断						
时间精度	现势性	原始资料	符合/不符合	按技术设计执行	符合	S =100	100	
		成果数据	符合/不符合	按技术设计执行	符合	S =100		

续表

质量元素	质量子元素	检查项	检查结果	技术要求	合格条件	合格后计分方法	质量元素分值 S	备　注
表征质量	几何表达	几何类型	$r=n/N\times100\%$	极重要要素：$r_0=0\%$ 重要要素：$r_0=0.07\%$ 一般要素：$r_0=0.4\%$	$r\leqslant r_0$	$s=60+40/r_0\cdot(r_0-r)$	取 S 的最小值	
		几何异常						
	地理表达	要素取舍						
		图形概括						地物地貌特征严重失真，不能反映真实现状，质量元素为不合格
		要素关系						
		方向特征						
	符号	符号规格	$r=n/N\times100\%$	极重要要素：$r_0=0\%$ 其他要素：$r_0=3\%$	$r\leqslant r_0$	$s=60+40/r_0\cdot(r_0-r)$		
		符号配置						
	注记	注记规格						
		注记内容						
		注记配置						
	整饰	内图廓外整饰	符合/不符合	按技术设计执行	符合	$S=100$		
		内图廓线	符合/不符合	按技术设计执行	符合	$S=100$		
		公里网线	符合/不符合	按技术设计执行	符合	$S=100$		
		经纬网线	符合/不符合	按技术设计执行	符合	$S=100$		
附件质量	元数据	项错漏	符合/不符合	按技术设计执行	符合	$S=100$	取 S 的最小值	
		内容错漏	$r=n/N\times100\%$	$r_0=5\%$	$r\leqslant r_0$	$s=60+40/r_0\cdot(r_0-r)$		图号错，质量元素为不合格
	图历簿	内容错漏	$r=n/N\times100\%$	$r_0=5\%$	$r\leqslant r_0$	$s=60+40/r_0\cdot(r_0-r)$		
	附属文档	完整性	符合/不符合	按技术设计执行	符合	$S=100$		
		正确性	符合/不符合	按技术设计执行	符合	$S=100$		
		权威性	符合/不符合	按技术设计执行	符合	$S=100$		

极重要要素指国界、国界界桩、界碑，以及其注记；重要要素包括境界、界桩、界碑，县级及县级以上地名、居民地，县级及县级以上公路及其桥梁，测量控制点，干线铁路及其桥梁，高速公路及其桥梁，六级以上河流及相通的湖泊、水库，重要管线，一级、二级山脉名称。在人烟稀少的边远地区和荒漠地区，村级和乡镇级地名、居民地、道路及其桥梁、铁路及其桥梁、具有方位意义和重要意义的独立地物点等应作为重要要素对待。重要要素的注记为重要要素。

5.2 单位成果质量等级

单位成果质量等级划分为优级品、良级品、合格品、不合格品四级。概查只评定合格品和不合格品两级。详查评定四级质量等级。质量等级划分见表5.5。

表5.5 单位成果质量评定等级

质量得分	质量等级
90分≤S≤100分	优级品
75分≤S<90分	良级品
60分≤S<75分	合格品
质量元素检查结果不满足规定的合格条件	不合格品
位置精度检查中粗差比例大于5%	
质量元素出现不合格	

5.3 单位成果质量评定

单位成果质量评定是通过单位成果质量分值评定质量等级。根据质量检查的结果计算质量元素分值（当质量元素检查结果不满足规定的合格条件时，不计算分值，该质量元素为不合格），方法见表5.4；根据质量元素分值，评定单位成果质量分值，见式（5.2），附件质量可不参与式（5.2）的计算；根据式（5.2）的结果，评定单位成果质量等级见表5.5。

$$S=\min S_i(i=1,2,\cdots,n) \tag{5.2}$$

式中 S——单位成果质量得分值；

S_i——第i个质量元素的得分值；

n——质量元素的总数。

5.4 批成果质量判定

批成果质量判定通过合格判定条件确定批成果的质量等级，质量等级划分为合格批、不合格批两级，见表5.6。

表5.6 批成果质量判定

质量等级	判定条件	后续处理
合格批	样本中未发现不合格的单位成果，且概查时未发现不合格的单位成果	测绘单位对验收中发现的各类质量问题均应修改
不合格批	样本中发现不合格单位成果，或概查中发现不合格单位成果，或不能提交批成果的技术性文档（如设计书、技术总结、检查报告等）和资料性文档（如接合表、图幅清单等）	测绘单位对批成果逐一查改合格后，重新提交验收

6　检查报告

最终检查完成后，应编写检查报告；验收工作完成后，应编写检验报告。检查报告、检验报告的主要内容包括以下几方面。

（1）检查工作概况。检查或检验的基本情况，包括检查时间、检查地点、检查方式、检查人员、检查的软硬件设备等。

（2）受检成果概况。简述成果生产基本情况，包括任务来源、测区位置、生产单位、单位资质等级、生产日期、生产方式、成果形式、批量等。

（3）检查依据。列出所有检查依据。

（4）抽样情况。包括抽样依据、抽样方法、样本数量等。若为计数抽样，应列出抽样方案。

（5）检验内容及方法。阐述成果的各个检验参数及检验方法。

（6）主要质量问题及处理。按检验参数，分别叙述成果中存在的主要质量问题，并举例（图幅号、点号等）说明质量问题处理结果。

（7）质量统计及质量综述。按检验参数分别对成果质量进行综合叙述；样本质量统计：检查项及差错数量和错误率、样本得分、样本质量评定；其他意见或建议。

（8）附件。附图、附表。

任务2　技　术　总　结

技术总结是在测绘任务完成后，对测绘技术设计文件和技术标准、规范等的执行情况，技术设计方案实施中出现的主要技术问题和处理方法，成果质量、新技术的应用等进行分析研究、认真总结，并作出的客观描述和评价。技术总结为最终用户（或下工序）对成果的合理使用提供方便，为测绘单位持续质量改进提供依据，同时也为技术设计、有关技术标准、规定的制定提供资料。测绘技术总结是与测绘成果有直接关系的技术性文件，是需长期保存的重要技术档案。

1　技术总结的依据

数字测图技术总结编写的主要依据包括以下几方面。

（1）任务委托书或合同的有关要求，委托单位书面要求或口头要求的记录，市场的需求或期望。

（2）技术方案、相关的法律、法规、技术标准和规范。

（3）测绘成果的质量检查报告。

（4）适用时，以往测绘技术文件、测绘技术总结提供的信息以及现有生产过程和成果的质量记录和有关数据。

（5）其他有关文件和资料。

2 技术总结的要求

技术总结的编写应做到以下几点。

（1）内容真实、全面，重点突出。说明和评价技术要求的执行情况时，不应简单抄录设计书的有关技术要求，而应重点说明作业过程中出现的主要技术问题和处理方法、特殊情况的处理及其达到的效果、经验、教训和遗留问题等。

（2）技术总结层次分明，文字简明扼要，公式、数据和图表应准确，名词、术语、符号和计量单位等均应与有关法规和标准一致。

3 技术总结的基本内容

技术总结通常由概述、技术设计执行情况（可从已有资料及利用情况，仪器设备、软件、人员、作业时间和完成工作量，作业规范及依据，坐标系统和技术规定，控制测量，地形图测绘等几个方面进行说明）、成果质量说明和评价、上交和归档的成果及其资料清单四部分组成，基本内容如下。

3.1 概述

（1）项目来源、内容、目标、工作量，作业区概况，项目的组织和实施，测区划分情况，成果交付与接收情况等。

（2）项目执行情况，说明任务要求、生产任务安排与完成情况，统计有关的作业定额和作业效率，经费执行情况等。

3.2 已有资料及利用情况

（1）资料的来源、地理位置、数量、形式、主要质量及其利用情况等。

（2）资料中存在的主要问题及处理方法。

3.3 仪器设备、软件、人员、作业时间和完成工作量

（1）使用的仪器设备与工具的型号、规格与特性，仪器的检校情况。

（2）使用的软件名称、版本，基本使用情况介绍。

（3）投入的作业人员组成。

（4）作业过程及各阶段工作情况介绍。

（5）完成的工作量统计和说明。

3.4 作业规范及依据

说明生产所依据的技术性文件，包括技术方案、技术设计更改文件、有关的技术标准和规范等，说明作业技术依据的执行情况及执行过程中技术性更改情况等。

3.5 坐标系统和技术规定

采用的坐标系统、高程基准，投影方法，测图比例尺，图幅分幅与编号方法，基本等高距，主要技术指标和规格，成果类型及形式，数据基本内容、数据格式、数据精度以及其他技术指标等。

3.6 控制测量

（1）平面控制测量。已知控制点资料和保存情况，首级控制网及加密控制网的等级、网形、密度、埋石情况、观测方法、技术参数，记录方法，控制测量成果等。

（2）高程控制测量。已知控制点资料和保存情况，首级控制网及加密控制网的等级、

网形、密度、埋石情况、观测方法、技术参数，视线长度及其距地面和障碍物的距离，记录方法，重测测段和次数，控制测量成果等。

（3）内业计算软件的使用情况，平差计算方法及各项限差，控制测量数据的统计、比较，外业检测情况与精度分析等。

3.7　地形图测绘

（1）测图方式，外业采集数据的内容、密度、记录的特征，要素内容和综合取舍，数据处理、图形整饰和成果输出的情况等。

（2）测图精度的统计、分析和评价，检查验收情况。

3.8　成果质量说明和评价

说明项目实施中质量保证措施的执行情况，简要说明和评价地形图成果的质量情况、成果达到的质量指标，并说明其质量检查报告的名称和编号。

3.9　上交和归档成果及其资料清单

分别说明成果的名称、数量、类型等，上交归档的资料文档。成果资料清单一般包括以下内容。

（1）技术设计书。

（2）测图控制点展点图，水准路线图，埋石点点之记等。

（3）控制测量平差报告、平差成果表。

（4）地形图元数据文件，地形图全图和分幅图数据文件等。

（5）输出的地形图。

（6）数字测图技术报告、检查报告、验收报告。

（7）其他需要提交的成果。

3.10　问题及建议

总结项目生产过程中出现的主要技术问题和处理方法，特殊情况的处理及其达到的效果，新技术、新方法、新设备等应用情况，经验、教训和遗留问题，并对今后生产提出改进意见和建议等。

3.11　服务措施

提交正式成果资料后，应派专人负责后期跟踪服务，随时负责解答顾客提出的相关问题，必要时到现场进行服务。

任务3　技 术 总 结 案 例

×××工程技术总结

1　概况

为满足×××工程的需要，受×××的委托（或经×××组织招投标确定），×××承担了该工程的测量任务。测量工作于××××年×月×日进场，至××年×月×日结束，并于××年×月×日提交全部成果。

测区位于×××。东经××°××′×″，北纬××°××′×″。

测绘范围东至×××，西至×××，南至×××，北至×××，合计面积约×××km^2。

区内属丘陵地形，东北及西南两侧均为残丘，中间谷底形成一条带状水塘；地势起伏剧烈，典型地形坡度在30°左右，冲沟、谷地较多且破碎；地表高程介于71.50～155.00m；地表多为荆棘杂草，少高树。测区山形起伏剧烈，区内地形破碎，人造地形较多，测量作业困难。

2 任务要求

（1）考虑到场地平整时放坡的需要，以规划红线为基础往外100～150m为实际测量范围。以及考虑到同规划相符，与外围道路及西面在建客运专线相衔接，在测区外围作了必要的细部测量。

（2）根据工程实际情况、规范规定和设计要求，该项工程完成的测量工作内容有：控制测量、1∶500地形测量、土方计算等。

3 作业规范及依据

（1）《城市测量规范》（CJJ 8—2011）。

（2）《工程测量规范》（GB 50026—2007）。

（3）《全球定位系统（GPS）测量规范》（GB/T 18314—2009）。

（4）《国家三、四等水准测量规范》（GB/T 12898—2009）。

（5）《国家基本比例尺地形图图式　第1部分：1∶500　1∶1000　1∶2000地形图图式》（GB/T 20257.1—2017）（简称《国家图式》）。

（6）《1∶500　1∶1000　1∶2000外业数字测图技术规程》（GB/T 14912—2005）。

（7）《测绘成果质量检查与验收》（GB/T 24356—2009）。

（8）《测绘技术总结编写规定》（CH/T 1001—2005）。

（9）本工程“技术要求”（业主提供）和合同书。

（10）本工程《技术设计书》（×××于××××年×月编制）。

4 坐标系统及技术规定

（1）平面坐标系统：1954年北京坐标系，中央经线114°。

（2）高程基准：1985年国家高程基准。

（3）成图比例尺：1∶500。

（4）基本等高距：0.5m。

（5）分幅编号：按国家标准分幅，图幅尺寸为50cm×40cm。

5 已知资料

（1）向×××国土资源档案馆购置的“×××”三个四等三角点，为1954年北京坐标系，经踏勘检查，标志完好，用于测区平面起算控制点。

（2）向×××国土资源档案馆购置的“×××”两个三等水准点，为1985国家高程基准，经踏勘检查，标志完好，用于测区高程起算控制点。

（3）测区2005年测制的1∶2000地形图，用于技术设计、控制网布设、踏勘选点及生产组织的工作底图。

6 仪器设备及软件

本项目投入的测绘仪器设备及软件情况详见表5.7。结合项目需要，另配有电脑、绘图仪、打印机、复印机、扫描仪等数据处理和输入、输出设备以及交通工具一批。

表 5.7　　本项目投入的主要测绘仪器设备

设备名称	数量	品牌型号	编号版本	设备状态
GPS 接收机	×台	×××	×××	年检合格
全站仪	×台	×××	×××	年检合格
水准仪	×台	×××	×××	年检合格
手持测距仪	×台	×××	×××	年检合格
GPS 接收机随机软件	×套	×××	×××	正常有效
×××平差软件	×套	×××	×××	正常有效
数字化地形地籍成图系统	×套	×××	×××	正常有效

表内各设备经有关部门年检鉴定合格并在有效期内使用。设备外观良好，型号正确，各部件及其附件匹配、齐全和完好，紧固部件无松动和脱落，一般检视合格。

7　作业时间及完成工作量

本工程测量作业时间详见表 5.8。

表 5.8　　作业过程情况一览表

作业时间	作业内容	备注
×××	接受委托、签订合同	
×××	资料收集、现场踏勘、项目策划	
×××	编制技术设计书	通过审核批复
×××	控制选点、埋石、观测和平差计算	
×××	1∶500 数字化地形图测量	
×××	数据处理及土方计算	
×××	质量检查	通过队检、院检
×××	成果验收	业主组织实施
×××	资料整理、技术总结	通过审核批复
×××	成果交付	

本工程所完成的测量工作量详见表 5.9。项目场地为山地，地物较多，树林覆盖面积约 60%，属一般地区Ⅱ类。

表 5.9　　测量工作量统计表

项目	工作量	单位	备注
E 级 GPS	×	点	新设×点，联测×点
二级导线	×	点	
四等水准	×	km	
图根点	×	点	
1∶500 地形图	×	幅	
土方计算	×	人工日	

8 技术执行情况

8.1 E级GPS测量

8.1.1 GPS网布设

依照规范规定结合测区实际情况和工程需要，本工程共布设了E级GPS点×个，GPS点编号为“E*”，*号为数字，利用旧点及作为起算的控制点仍取回原点名、点号。

根据测区已有的资料、测区地形、交通状况、要求精度并考虑作业效率，按照优化设计原则进行布网，对于网中GPS点需要采用常规测量方法加密控制网时，至少应保证该点有一个以上的通视方向。本工程GPS网布设为多边形网，网中每个闭合环的边数均小于10条(图5.1)。

8.1.2 选点与埋石

GPS点位的选择基本与技术设计相符，依据规范并结合现场和工程需要进行优化，便于进行水准联测、发展下一级控制，并有利于安全作业，点位便于安置接收设备和操作，视野开阔，被测卫星的地平高度角大于15º，点位远离大功率无线电发射源（如电视台、微波站等），其距离不小于200m，附近无强烈干扰接收卫星信号的物体。标石埋设的基础坚定稳固，易于长期保存。标石的规格为：×××。

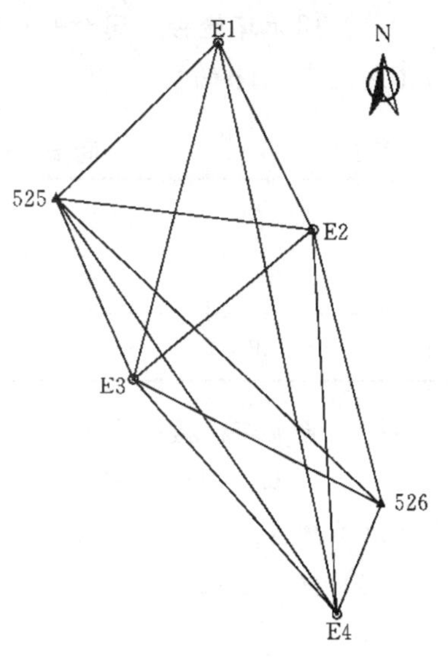

图5.1 GPS控制网图

8.1.3 观测

采用静态测量的方法进行GPS网的外业观测。接收机及天线型号正确，主机与配件齐全，接收机及天线外观良好，各部件及附件完好，紧固部件无松动和脱落，仪器经有关部门年检鉴定，性能良好。外业观测执行表5.10中的基本技术要求。

表5.10 GPS网外业观测的基本技术要求

等级	项目				
	卫星高度角/(°)	有效观测卫星数	时段长度/min	数据采集间隔/s	平均重复设站数
E	≥15	≥4	≥45	10	≥1.6

设站时，天线严格整平，对中误差小于3mm；天线定向标志指向正北，定向误差不超过±5°；观测前按互为120°方向上量取天线高两次，其读数差小于3mm，并将中数输入GPS接收机中。按要求及时填写手簿的各项内容，观测过程中不得更改各参数、再启动、自测试、变动天线等，禁止在天线附近使用电台、对讲机等。

8.1.4 基线解算和检核

基线解算和网平差均利用厂家提供的配套软件进行处理，基线采用双差固定解，根据软件包说明按缺省参数进行解算。

8.1.4.1 基线解算

基线解算全部求解出整周模糊度。所有基线的解算一般采用原始观测数据，对于那些因质量较差而影响基线解算质量的个别观测时段的观测数据，则根据各段时间观测数据的质量好坏进行时间上的取舍；对个别时段影响基线解算的残差波动太大或失锁周跳频繁的个别卫星作剔除处理，同一时段观测值的数据剔除率小于 20%。经过这样一些可行的处理手段，使得基线解算顺利进行。

8.1.4.2　基线检核

数据检核中，当重复基线、同步环、异步环或附合路线中的基线超限时，应舍弃基线后重新构成异步环，所含异步环基线数应不大于 10 条，且闭合差符合检核精度指标要求，否则应重测。

（1）同步环检核：同步时段中任一三边同步环的坐标分量相对闭合差和全长相对闭合差不超过表 5.11 的规定。

表 5.11　　同步环坐标分量及环线全长相对闭合差的规定

等级	限差类型	
	坐标分量相对闭合差	环线全长相对闭合差
E 级	9.0×10^{-6}	15.0×10^{-6}

（2）异步环检核：异步环闭合差是检核 GPS 基线质量的重要指标，异步环闭合差超限必须返工。本控制网全网有×条基线向量，共组成闭合环×个，其坐标差分量、环闭合差全部满足规范要求，其中最大环闭合差为×ppm（限差要求为×ppm），最小为×ppm。

（3）重复基线检验：全网共测量重复基线×条，其长度较差精度统计情况见表 5.12。

表 5.12　　重复基线长度较差精度统计表　　单位：m

最大长度较差 d_s	基线边长	标准差 σ	限差	基线名
×	×	×	×	××-××

注　$d_s \leqslant 2\sqrt{2}\sigma$，$\sigma=\sqrt{a^2+(b\cdot d\cdot 10^{-6})^2}$；$\sigma$ 为标准差，mm；a 为固定误差，mm；b 为比例误差系数；d 为相邻点间距离，mm。

根据以上检核结果，可见本 GPS 控制网观测基线内符合精度满足规范要求。

8.1.5　平差计算及精度分析

平差计算分两步进行，先在 WGS-84 坐标系中固定一点的 WGS-84 坐标进行三维无约束平差，然后在 1954 年北京坐标系统中进行约束平差计算。

8.1.5.1　WGS-84 坐标系

在起算点相容性检核中最弱基线边为“××—××”，相对精度为×；最强基线边为“××—××”，相对精度为×。由此可知，起算点的相容性良好。

WGS-84 坐标系中，最弱基线边为“××—××”，相对精度为×；最强基线边为“××—××”，相对精度为×；全网基线相对精度均满足 1/20000 的技术要求。

8.1.5.2　1954 年北京坐标系统

以中央子午线（即 114°00′00″）坐标系统，采用高斯正形投影方法，投影面为 1985 国家高程基准×m，参考椭球为克拉索夫斯基椭球。

在×条有效基线中，择优选取合格的×条基线构网，采用通过相容性检验的×个点（×××、×××、×××）作为起算数据，进行二维约束平差。

平差结果最弱基线边为“××—××”，相对精度为×；最强基线边为“××—××”，相对精度为×；全网基线相对精度均满足 1/20000 的技术要求。平差结果最小点位中误差为“××”：×cm；最大点位中误差为“××”：×cm。

综上所述，GPS 网各项精度指标均符合规范要求。

8.1.6　控制网外部检核

为检核本控制网的可靠性，使用全站仪对该平面控制网进行了外业检测。边长检测限差按所检边长相对精度达到×计算，角度检测限差按 $2\sqrt{2}\times M_{中}$ 计算。本次共检测了×条边长和×个角度，检测结果见表 5.13 和表 5.14。所有检测结果均在限差范围内。

表 5.13　　边长检测

序号	边名	实际边长/m	投影边长/m	较差/mm	限差/mm
1	××—××	×	×	×	±×

表 5.14　　角度检测

序号	测站	照准目标	计算角值	观测角值	较差	限差
1	×	×	××°××′×″	××°××′×″	××°××′×″	±××°××′×″
		×				

8.2　二级导线测量

根据测区高级控制点密度、道路曲折、地物疏密程度及工程特点，本工程使用全站仪布设了一条二级导线，导线点位的选定及埋设按技术设计书执行。

所使用的仪器均在年检有效期内，施测前进行常规检查，各项指标合格。导线测量水平角按左、右角观测，距离采用全站仪中输入气象等参数后的改平平距。导线水平角观测一测回，边长进行往返观测，取平均数。使用×××平差软件进行严密平差计算，导线全长×km，最大边长×m，最小边长×m，最大点位误差×m，最大点间误差×m。其平差计算精度统计数据见表 5.15，各项限差均符合规范要求。

表 5.15　　导线平差精度统计表

等级	导线名称	站数	导线全长/km	导线全长相对中误差		线路形式
				实测	限差	
二级	×××	×	×	×	1/10000	附合导线

8.3　高程控制测量

本项目共布设了一条四等水准路线，联测所有地面上的控制点，水准测量作业采用单程附合法，直读视距，读至 1m，高差中丝读数法读至 1mm。按“后（黑）一后（红）一前（黑）一前（红）”的观测顺序，各项观测技术要求符合规范规定。使用×××平差软件进行严密平差计算，最大高程误差×mm，最大高差误差×mm。其平差计算精度统计数据见表 5.16，各项限差均符合规范要求。

表 5.16 高程平差精度统计表

序号	线路起止标点		线路长度/km	线路高程闭合差/mm		线路形式
	起始点	终止点		允许	实测	
1	×	×	×	±×	×	附合

8.4 地形图测绘

（1）图根平面控制测量使用全站仪按图根导线（网）或极坐标法（引点法）布设。图根导线的边长单向施测一测回，一测回二次读数的较差小于 20mm；水平角施测左、右角各一测回，圆周闭合差不大于 40″；采用光电测距极坐标法（引点法）时，在等级控制点或一次附合图根点上进行，且联测两个已知方向，所测的图根点没有再次发展。图根高程控制采用图根水准测量或电磁波测距三角高程测量。根据测区已布设控制点和现状地形要素的分布情况，以满足测量精度和控制点密度为原则进行图根点布设。图根点一般只设临时标志。细部测量时均对所使用的图根点进行了复核检查，其相对于起算点的点位中误差均小于±5cm，成果满足要求。

（2）按照设计要求，依据规范规定，本工程采用全站仪进行全野外数字化数据采集，室内利用专业成图软件编辑成图，并在 AutoCAD 中进行拼图、接边、整饰和修改，最后生成成果图，生成 dwg 格式文件。

（3）测图及成图比例尺：1∶500。

（4）图上地物点相对于邻近图根点的点位中误差和邻近地物点间距中误差符合表 15.17 的规定。

表 5.17 1∶500 地形测量的地物点平面位置精度 单位：m

地区分类	点位中误差	邻近地物点间距中误差
城镇、工业建筑区、平地、丘陵地	±0.15（0.25）	±0.12（0.20）
困难地区、隐蔽地区	±0.23（0.40）	±0.18（0.30）

注 括号内指标为地形图仅作规划或一般用途时采用。

（5）每个测站安置好仪器后，首先进行定向和定向检查，然后才进行细部点测量。作业时，选另一控制点测量其坐标及高程与已知成果进行检查，防止因输入的控制点坐标或点号有误，或其他原因造成整站成果作废，确保定向准确。

（6）各类建筑物、构筑物及其主要附属设施均进行测绘，房屋轮廓以墙基为准，并按建筑材料和性质分类，注记层数。建筑物、构筑物轮廓凸凹在图上小于 0.5mm 时，用直线连接。独立地物能依比例尺表示的，实测其外围轮廓，填绘符号；不能依比例尺表示的，准确测量其定位点或定位线。

（7）各线状地物，如管线、输电线、配电线、通信线等实测其塔基或电杆的位置。建筑区内电力线、电信线不连线，在杆架处绘出线路方向。高压线注明电压，电线对数，实测高压铁塔或水泥杆高度。架空、地面及有管堤的管道均实测，分别用相应符号表示，并注记传输物质的名称。地下管线检修井均实测表示。

（8）道路及其附属物按其实际形状测绘，在图上每约4cm及地形起伏变换处、桥涵等构筑物处测注高程点。按其铺面材料分别以混凝土、沥、砾、石、砖、碴、土等注记于图中路面上，铺面材料改变处用点线分开。

（9）河涌、水系及其附属物按实际形状测绘，水渠测注渠底及渠顶边的高程；堤、坝测注顶部及坡脚高程；池塘测注塘顶边及塘底高程。水渠注记水流方向；有名称的加注名称；根据需要测注水深，用等深线或水下等高线表示。

（10）自然形态的地貌用等高线表示，崩塌残蚀地貌、坡、坎和其他特殊地貌用相应符号或用等高线配合符号表示。独立石、土堆、坑穴、陡坎、斜坡、梯田坡、露岩地等均在其上下方测注高程。

（11）植被的测绘按其经济价值和面积大小适当进行了取舍，实测范围线并配置相应的符号表示或注记说明。田埂宽度在图上大于1mm的用双线表示，小于1mm的用单线表示。田块内测注有代表性的高程。

（12）标志性独立地物、古树、较大（不可迁移）的树木及其他保护性古建构筑物均实测表示。

（13）居民地、道路、山岭、河谷、河流等自然地理名称，以及主要单位等名称，均调查并注记表示。

（14）一般在街道交叉口及中心线、道路路面、桥面、广场、地下检修井口、出水口、较大空地、企业门口及其场地内等位置测注高程；露岩地、独立石、土堆、坑穴、陡坎、斜坡、梯田坎、沟渠、河流、鱼塘等在上下方分别测注高程；田块内或平整地测注有代表性的高程。高程注到cm。

（15）为满足场区土方填挖计算需要，厂区内的高程点测量保证相邻点间距离不大于10m，在地形坡度有变化的地方还进行了适当加密。

8.5 土方计算（DTM法）

DTM法是根据实地测定的地面点坐标（X，Y，Z）和设计高程，通过生成三角网来计算每个三棱柱的填挖方量，最后累积得到指定范围内填方和挖方。

8.5.1 构建两期TIN（三角网）模型

（1）利用外业采集的反映地面高低起伏的特征高程点、地性线（地形坎、山脊、山谷等），构建原地面数字高程模型。利用的数据可使用图面上的高程点或者引用测点数据文件。

（2）利用设计文件或土方平整后的场地实测高程点构建目标面的高程模型，这里TIN的边界就是土方计算边界。

（3）对三角网进行调整。包括重组三角形（图5.2、图5.3）、删除三角形、三角形内插（图5.4）等，这样就使三角形的边最大限度地密切“贴合”地面，即地面各特征点之间的高程可以通过三角形的边进行等分内插获取。

（4）数据处理时，应根据情况进行删除高程异常点（图5.5、图5.6）、构建地形坎（图5.7、图5.8）及增加高程点（图5.9、图5.10）等操作。

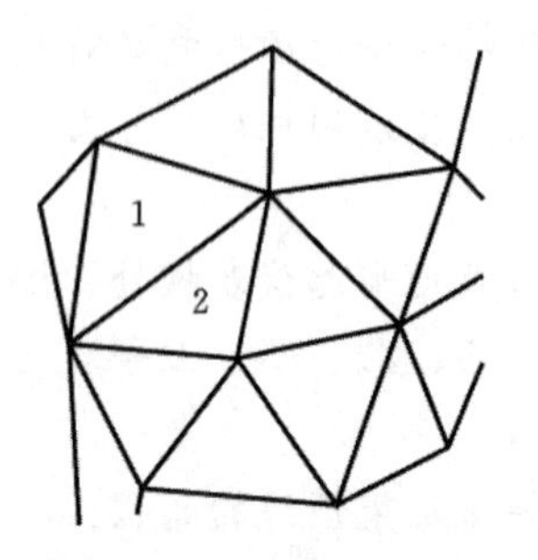

图 5.2　自动构建三角网

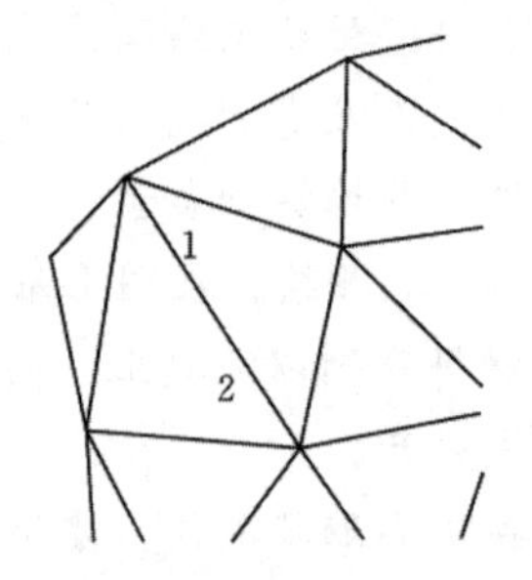

图 5.3　重组后图形

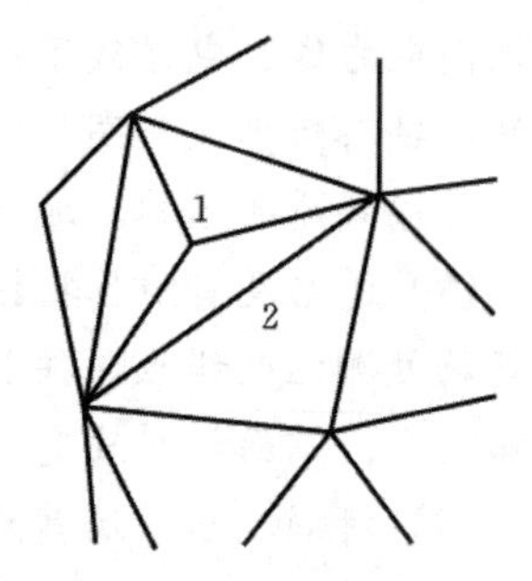

图 5.4　三角形内插

1）删除高程异常点：一些地形图上如高程为零的点、沟底高程点、建筑物角点等，不能反映地面真实的起伏，可以通过生成等高线时出现明显不合理的走势判断，并进行删除处理；还可以通过坡度分析判断高程异常。如图 5.5、图 5.6 所示。

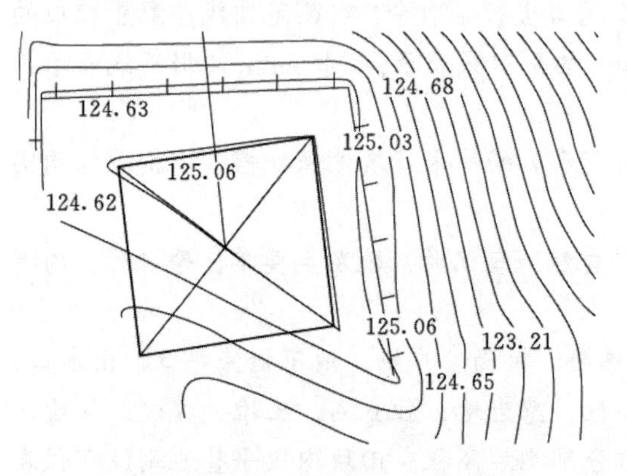

图 5.5　高程异常点导致的等高线变形

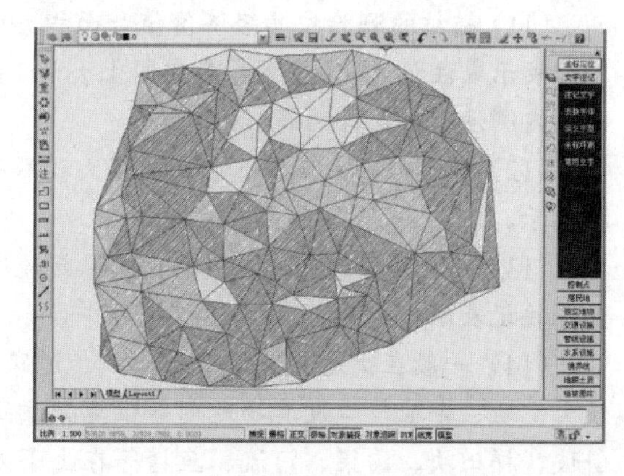

图 5.6　坡度分析效果图

2）构建地形坎：地形坎的坎顶与坎脚在地形图上的投影为重叠的线，构建模型时可编辑陡坎棱线上各特征点的比高，在 CASS 系统中自动处理，抑或是人工方法在陡坎下方移植最近点的高程，并用多段线相连，在构网时当作地性线处理。如图 5.7、图 5.8 所示。

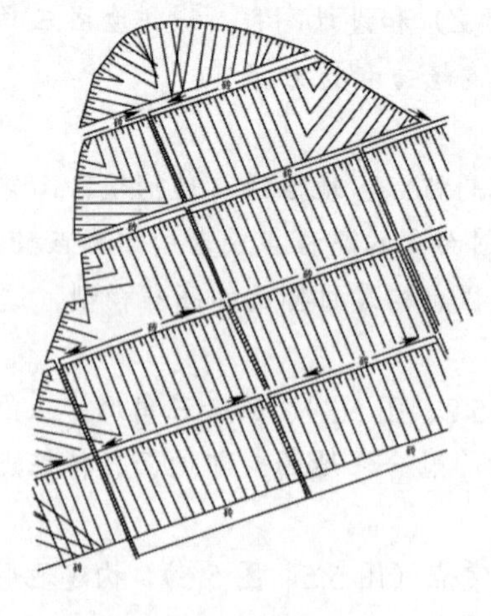

图 5.7　多级斜坡地形

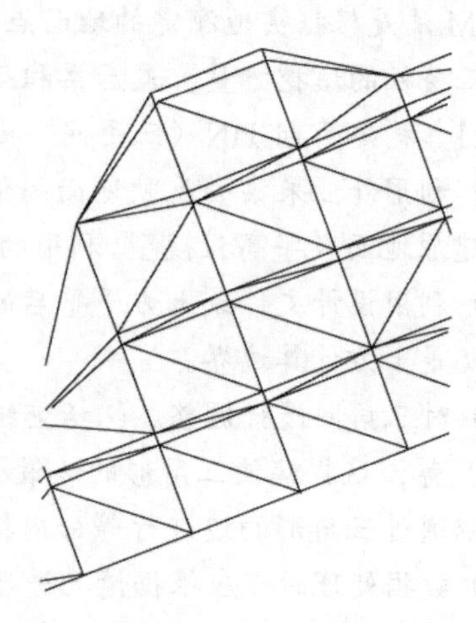

图 5.8　斜坡的 TIN 模型

增加高程点（如水塘、河沟的处理）：在地形图上水塘、河沟一般只是代表性的测定一些水涯线或沟底高程，在构建 TIN 模型时，远远不能反映地形的真实变化。此时要根据调查数据结合经验人工增加一些高程点，使之更符合真实地形。如图 5.9、图 5.10 所示。

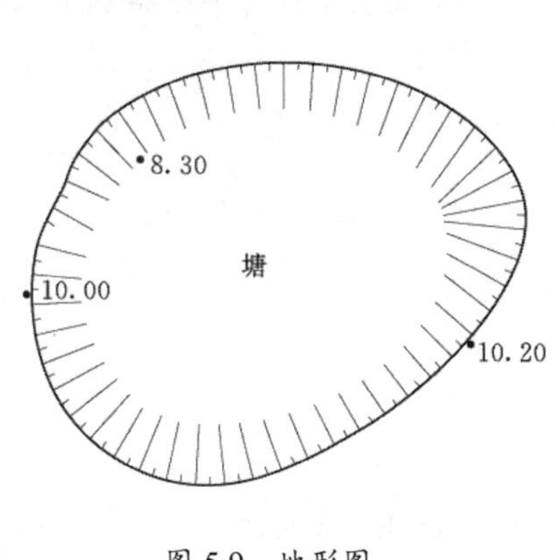

图 5.9　地形图

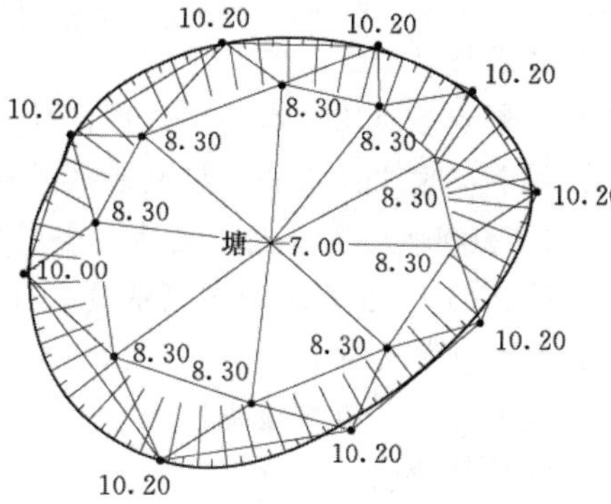

图 5.10　TIN 模型

8.5.2　土方计算

CASS 中 DTM 法土方计算包括根据坐标文件、根据图上高程点等功能（图 5.11）。

点击“计算两期间土方”，按提示输入前面过程生成的 TIN 模型，计算完成后提示土方计算的结果信息（图 5.12）。

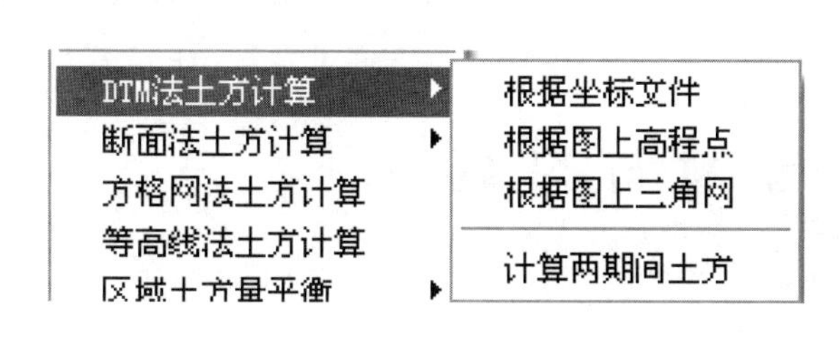

图 5.11　DTM 法的几种功能

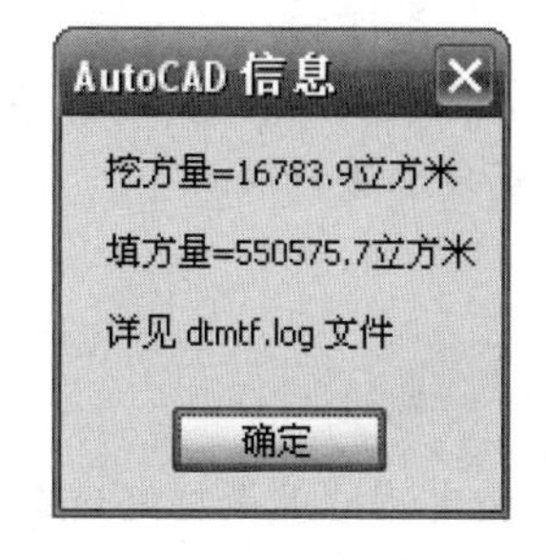

图 5.12　土方计算的结果信息

8.5.3　土方验算（方格网法）

为验证土方计算结果的准确性，采用方格网法进行验算，验算结果表明两者计算结果差别在 5%以内，数据较为吻合。

9　检查验收

本项目成果质量检查实行二级检查，即在作业人员自查、互检的基础上，实行队级技术负责人 100%的过程检查，并形成检查及修改记录。队级检查合格后由院级质量管理部门实施最终检查，检查时采用全数检查，涉及野外检查项的采用抽样检查，样本以外的实施内业全数检查，最终检查审核过程检查记录并出具质量检查报告。

通过检查可知，控制点埋石位置稳定，便于长期保存；平面及高程控制测量精度良好，成果精度满足规范要求；1∶500 地形图测绘完善，表示方法正确，取舍恰当合理；土方计算采用的方法正确，引用的数据准确，计算过程和结果正确。

10　提交资料

测量成果全部实现数字化，所有文字、表格、图件均能够进行编辑。其中文字用word格式，统计表格用excel格式，矢量化图件用ACAD2000格式，图片用jpg格式（亦可粘贴到word格式中）。提交文本资料一式四份，电子成果一份。成果资料清单包括以下几项。

（1）技术设计书。

（2）控制点展点图，水准路线图，埋石点点之记等。

（3）控制测量平差报告、控制点成果表。

（4）1∶500地形图（电子文件，全图）。

（5）输出的1∶500地形图（纸质文件，分幅图）。

（6）土方计算文件。

（7）技术报告、检查报告。

11　问题及建议

本项目利用1:500数字化地形图高程数据文件，采用DTM法进行土方计算，并采用了方格网法进行验证核对，两者计算结果差别在5%以内，较为吻合。所计算的土方量经政府部门的审计、施工图审查、编制工程量清单复核及招投标等阶段，计算结果得到各单位部门的认可，并在试验区内得到了验证，成果符合要求。采用数字化地形图高程数据进行土方计算，须特别注重高程数据的准确性和构建高程模型的准确性，特征点高程不足时应予以加密。

12　后期服务

提交正式成果资料后，派专人负责后期跟踪服务，随时负责解答顾客提出的相关问题，必要时到现场进行服务。

思考题与习题

1. 数字测绘成果应经过哪些检查？
2. 简述检查验收的几个术语。
3. 数字测绘成果质量元素一般包括哪些内容？
4. 检验、检查报告的主要内容包括哪些？
5. 技术总结的主要依据是什么？
6. 技术总结主要包括哪些内容？

模块 6　数字地形图的应用

【模块概述】

目前，用于数字化成图的软件很多，大多具有在工程中的应用功能。本模块以南方CASS9.0 数字化成图软件中工程应用部分为例，从基本几何要素的查询、土方量的计算、断面图的绘制和面积应用等方面介绍数字地形图在工程建设中的应用。

【学习目标】

1. 知识目标

掌握 CASS9.0 在工程中的应用。

2. 技能目标

（1）掌握基本几何要素的查询。

（2）掌握土方量的计算。

（3）掌握断面图的绘制。

（4）掌握面积量算方法。

3. 态度目标

（1）工作细致。

（2）独立思考。

任务 1　基本几何要素的查询

1　查询指定点坐标

用鼠标点取“工程应用（C）”菜单中的“查询指定点坐标”，用鼠标点取所要查询的点即可，如图 6.1 所示。也可以先进入点号定位方式，再输入要查询的点号。

2　查询两点距离及方位

用鼠标点取“工程应用”菜单下的“查询两点距离及方位”，用鼠标分别点取所要查询的两点即可，如图 6.2 所示。也可以先进入点号定位方式，再输入两点的点号。

说明：CASS 9.0 所显示的坐标为实地坐标，所显示的两点间的距离为实地距离。

3　查询线长

用鼠标点取“工程应用”菜单下的“查询线长”，用鼠标点取图上曲线即可，如图6.3 所示。

4　查询实体面积

用鼠标点取“工程应用”菜单下的“查询实体面积”，用鼠标点取待查询的实体的边界线即可，如图 6.4 所示。要注意实体应该是闭合的。

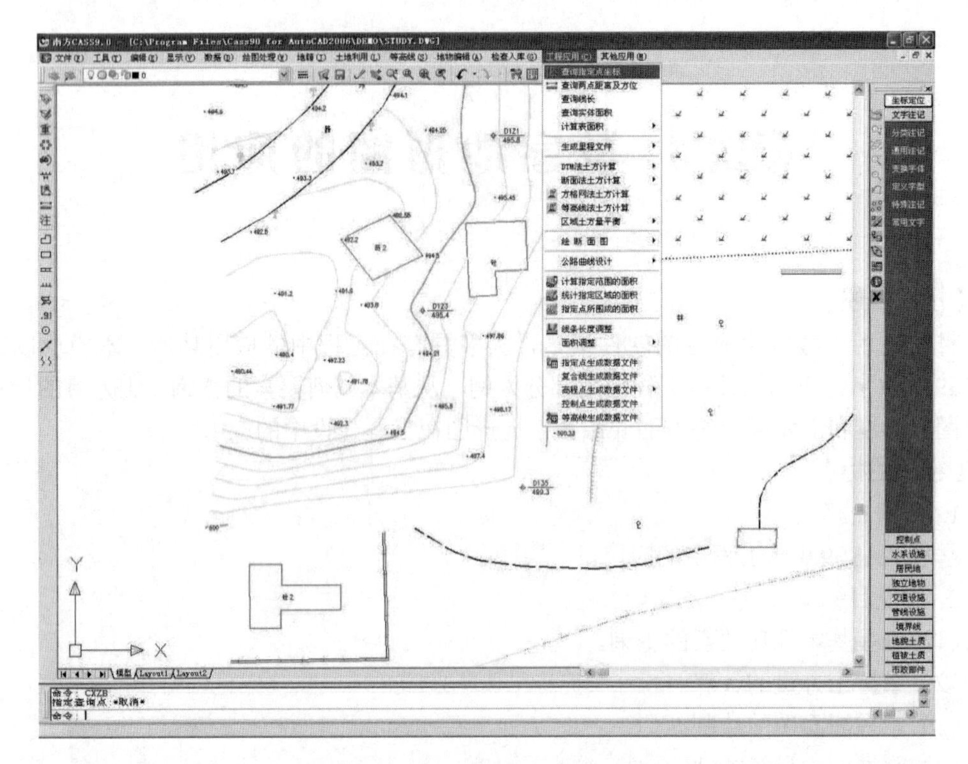

图 6.1　查询指定点坐标界面

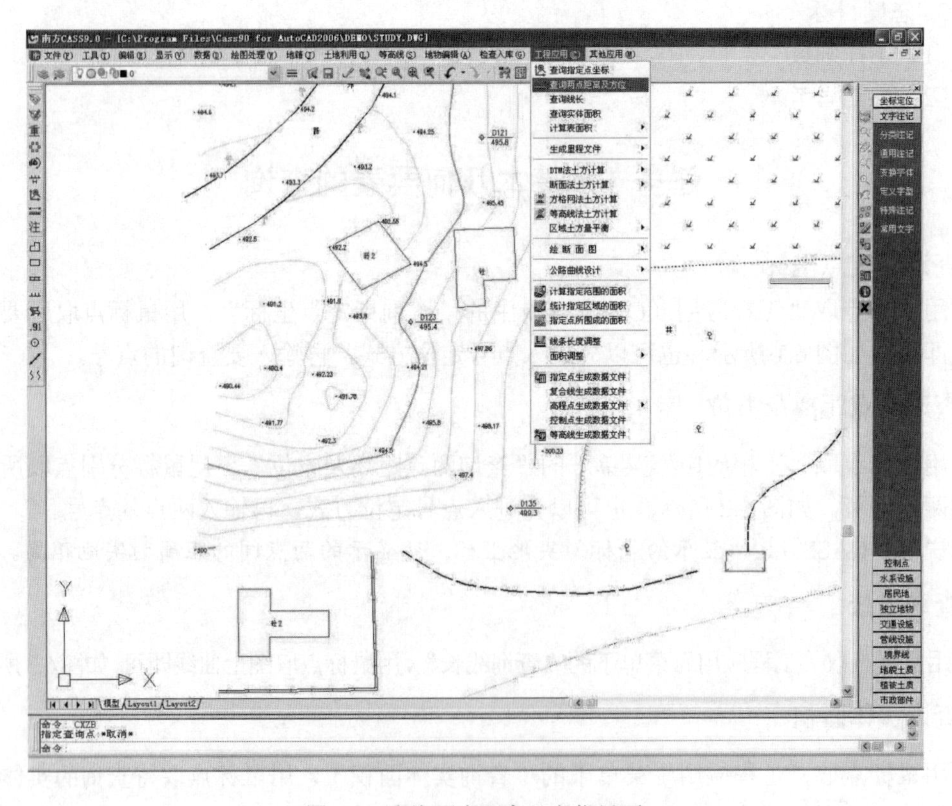

图 6.2　查询两点距离及方位界面

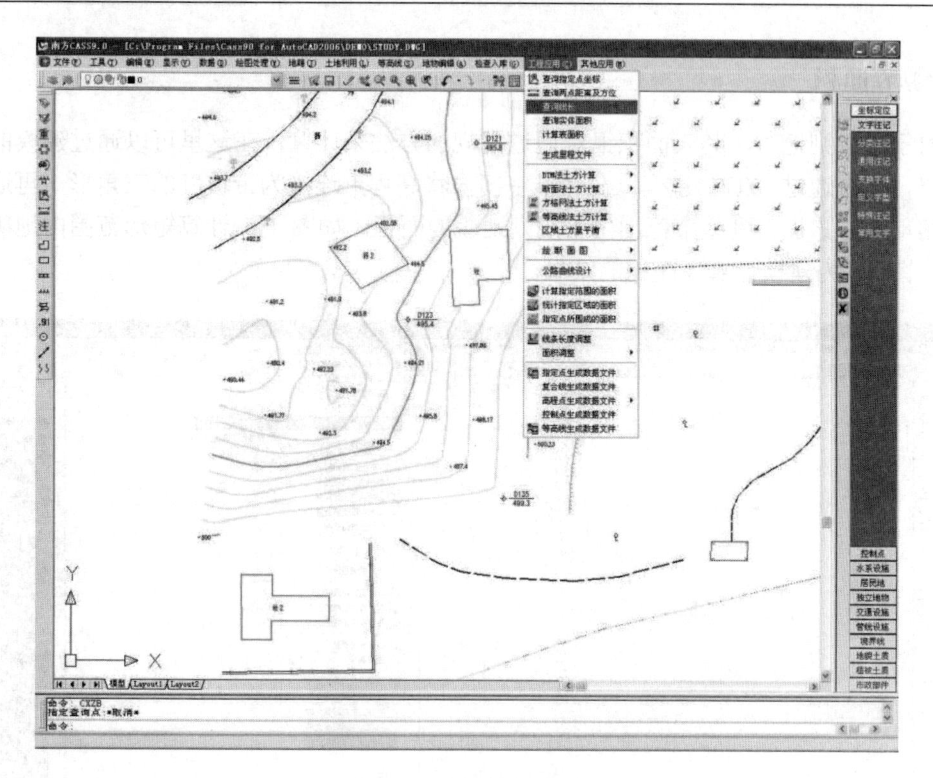

图 6.3　查询线长界面

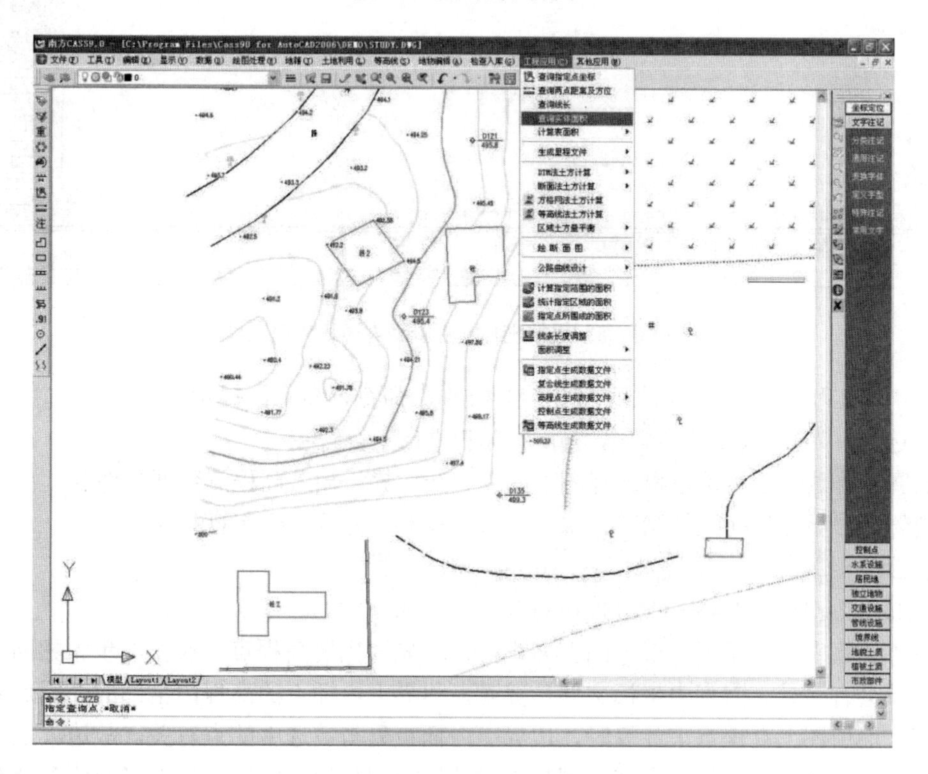

图 6.4　查询实体面积界面

5 计算表面积

对于不规则地貌，其表面积很难通过常规的方法来计算，在这里可以通过建模的方法来计算，系统通过 DTM 建模，在三维空间内将高程点连接为带坡度的三角形，再通过每个三角形面积累加得到整个范围内不规则地貌的面积。如图 6.5 计算矩形范围内地貌的表面积，图 6.6 为建模计算表面积的结果。

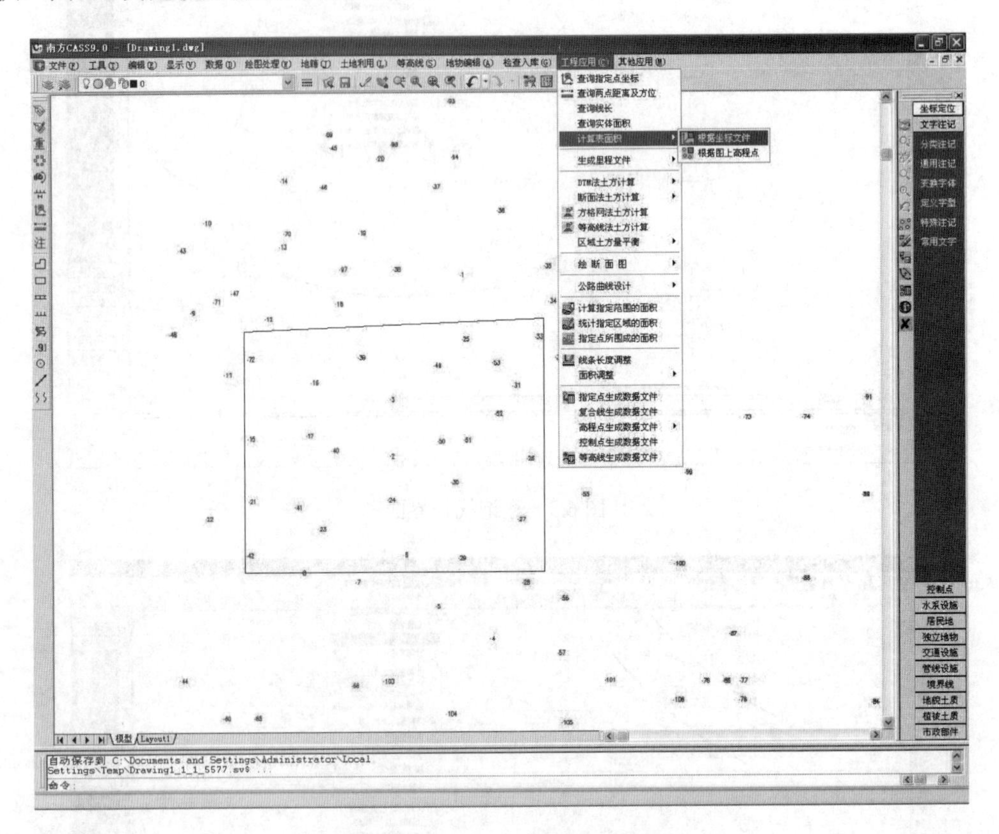

图 6.5 根据坐标文件查询表面积界面

点击“工程应用\计算表面积\根据坐标文件”命令，命令区提示：

请选择：（1）根据坐标数据文件（2）根据图上高程点

选择土方边界线用拾取框选择图上的复合线边界，输入高程点数据文件名。

请输入边界插值间隔（米）:<20>　10，输入在边界上插点的密度。

表面积 =××××平方米,详见 surface.log 文件

surface.log 文件保存在\CASS9.0\SYSTEM 目录下面。

另外计算表面积还可以根据图上高程点，首先要先展高程点，操作的步骤相同，但计算的结果会有差异。因为由坐标文件计算时，边界上内插点的高程由全部的高程点参与计算得到，而由图上高程点来计算时，边界上内插点只与被选中的点有关，故边界上点的高程会影响到表面积的结果。到底由哪种方法计算合理与边界线周边的地形变化条件有关，变化越大的，越趋向于由图面上来选择。

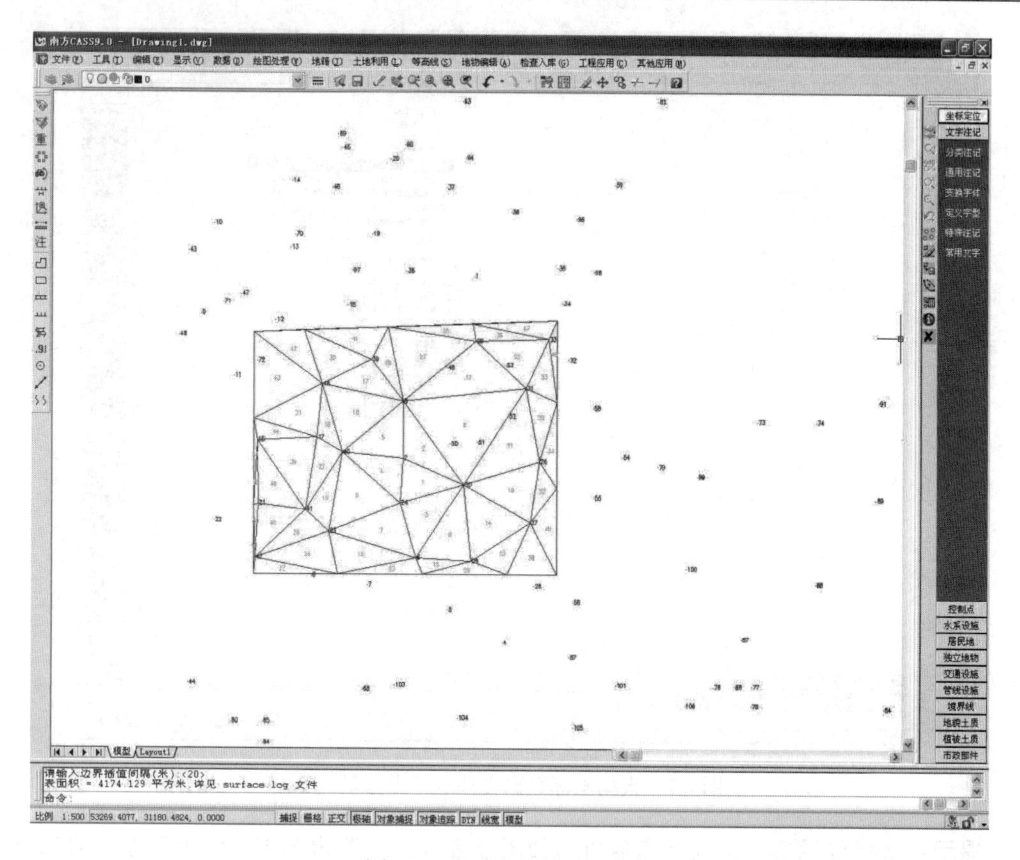

图 6.6　表面积计算结果界面

任务2　土 方 量 的 计 算

计算土方量的方法有 DTM 法、断面法、方格网法、等高线法等。

1　DTM 法土方量计算

由 DTM 模型来计算土方量是根据实地测定的地面点坐标（X，Y，Z）和设计高程，通过生成三角网来计算每一个三棱锥的填挖方量，最后累计得到指定范围内填方和挖方的土方量，并绘出填挖方分界线。

DTM 法土方量计算共有三种方法，第一种是根据坐标数据文件计算，第二种是根据图上高程点进行计算，第三种是根据图上的三角网进行计算。前两种算法包含重新建立三角网的过程，第三种方法直接采用图上已有的三角形，不再重建三角网。下面分述三种方法的操作过程。

1.1　根据坐标数据文件计算

用复合线画出所要计算土方量的区域，一定要闭合，但是尽量不要拟合。因为拟合过的曲线在进行土方量计算时会用折线迭代，影响计算结果的精度。

用鼠标点取“工程应用\DTM 法土方计算\根据坐标文件”，如图 6.7 所示。

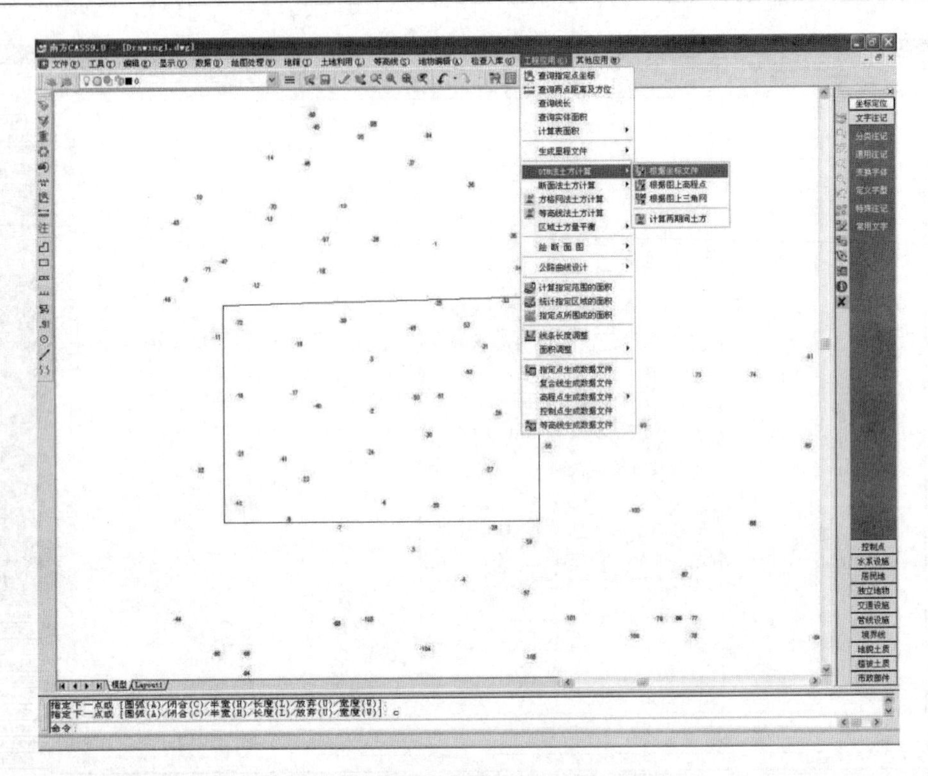

图 6.7　根据坐标数据文件进行土方量计算

提示：选择边界线，用鼠标点取所画的闭合复合线，弹出如图 6.8 所示的“DTM 土方计算参数设置”对话框。

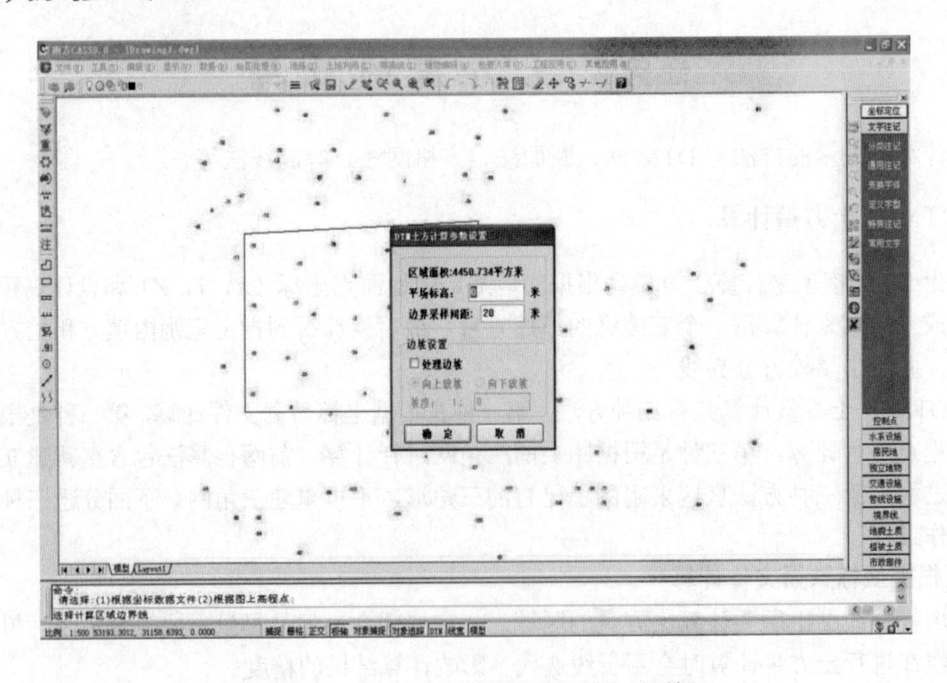

图 6.8　“DTM 土方计算参数设置”对话框

区域面积：该值为复合线围成的多边形的水平投影面积。

平场标高：指设计要达到的目标高程。

边界采样间隔：边界插值间隔的设定，默认值为20m。

边坡设置：选中处理边坡复选框后，则坡度设置功能变为可选，选中放坡的方式（向上或向下：指平场高程相对于实际地面高程的高低，平场高程高于地面高程则设置为向下放坡，反之向上。不能计算向内放坡：指不能计算向范围线内部放坡的工程），然后输入坡度值。

设置好计算参数后，屏幕上显示填挖方的提示框，命令行显示：挖方量= ××××立方米，填方量=××××立方米

同时图上绘出所分析的三角网、填挖方的分界线（白色线条），如图 6.9 所示。计算三角网构成详见 cass\system\dtmtf.log 文件。

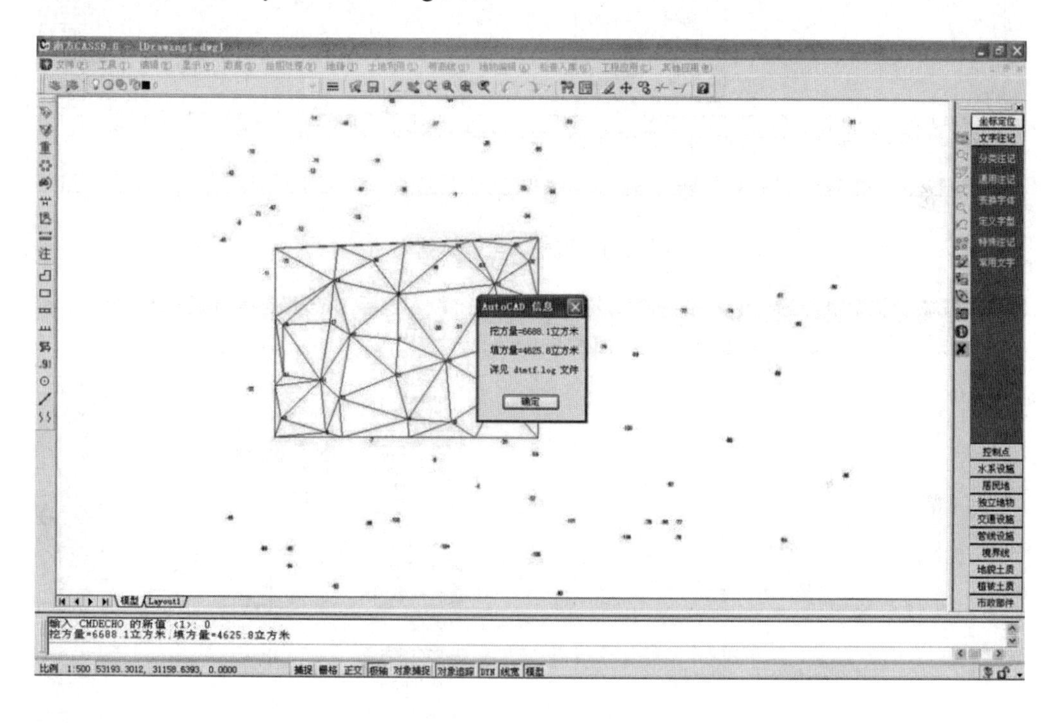

图 6.9　填挖方提示框

关闭对话框后系统提示：请指定表格左下角位置:<直接回车不绘表格>用鼠标在图上适当位置点击，CASS9.0 会在该处绘出一个表格，包含平场面积、最小高程、最大高程、平场标高、挖方量、填方量和图形，如图 6.10 所示。

1.2　根据图上高程点计算

首先要展绘高程点，然后用复合线画出所要计算土方量的区域，要求同 DTM 法。

用鼠标点取“工程应用”菜单下“DTM 法土方计算”子菜单中的“根据图上高程点”，如图 6.11 所示。

提示：选择边界线用鼠标点取所画的闭合复合线。

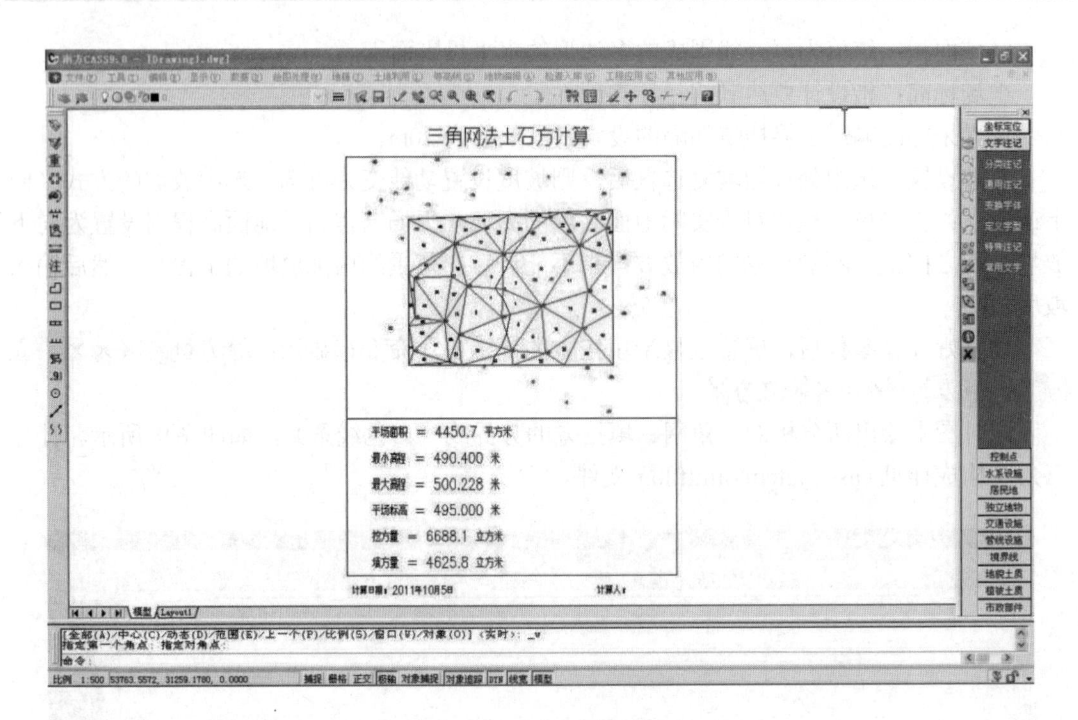

图 6.10　填挖方量计算结果

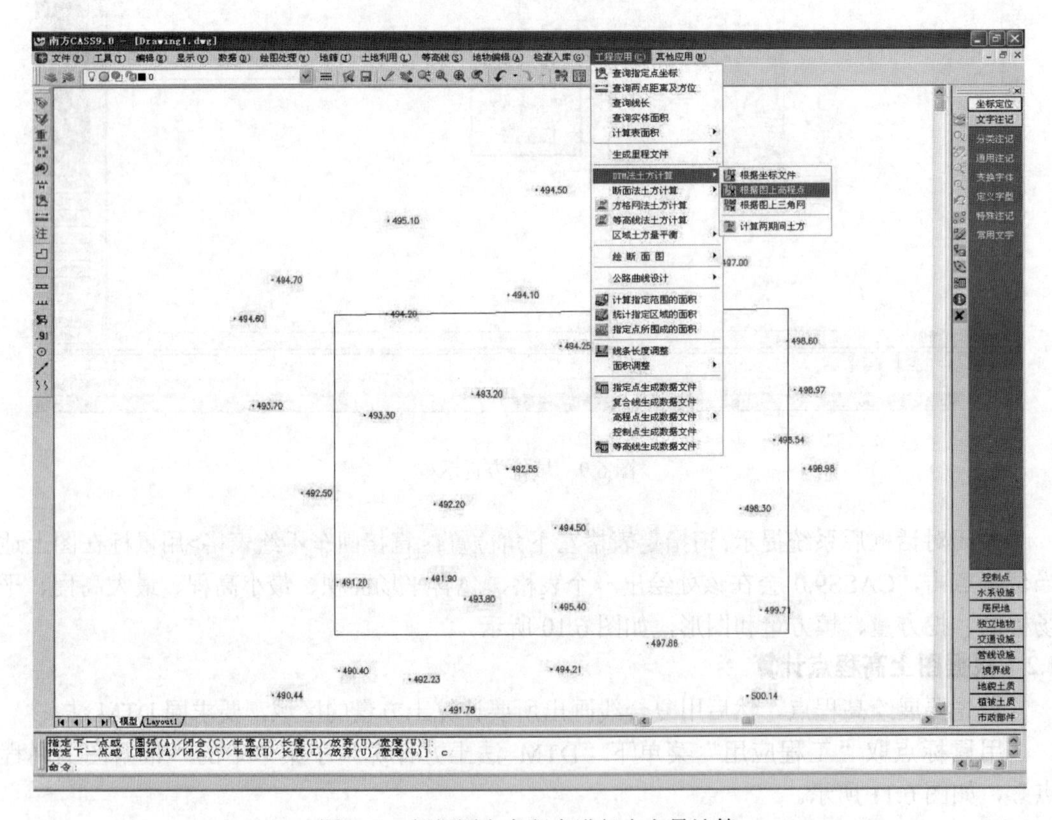

图 6.11　根据图上高程点进行土方量计算

提示： 选择高程点或控制点此时可逐个选取要参与计算的高程点或控制点，也可拖框选择。如果键入“ALL”回车，将选取图上所有已经绘出的高程点或控制点。弹出土方计算参数设置对话框，以下操作则与坐标计算法一样。

1.3　根据图上的三角网计算

对已经生成的三角网进行必要的添加和删除，使结果更接近实际地形。

用鼠标点取“工程应用”菜单下“DTM 法土方计算”子菜单中的“根据图上三角网计算”。

提示： 平场标高（米）输入平整的目标高程。

请在图上选取三角网用鼠标在图上选取三角形，可以逐个选取也可拉框批量选取。

回车后屏幕上显示填挖方的提示框，同时图上绘出所分析的三角网和填挖方的分界线（白色线条）。

注意： 用此方法计算土方量时不要求给定区域边界，因为系统会分析所有被选取的三角形，因此在选择三角形时一定要注意不要漏选或多选，否则计算结果有误，且很难检查出问题所在。

1.4　两期土方计算

两期土方计算指的是对同一区域进行了两期测量，利用两次观测得到的高程数据建模后叠加，计算出两期之中的区域内土方的变化情况。适用的情况是两次观测时该区域都是不规则表面。

两期土方计算之前，要先对该区域分别进行建模，即生成 DTM 模型，并将生成的 DTM 模型保存起来。然后点取“工程应用\DTM 法土方计算\计算两期间土方”。如图 6.12 所示。

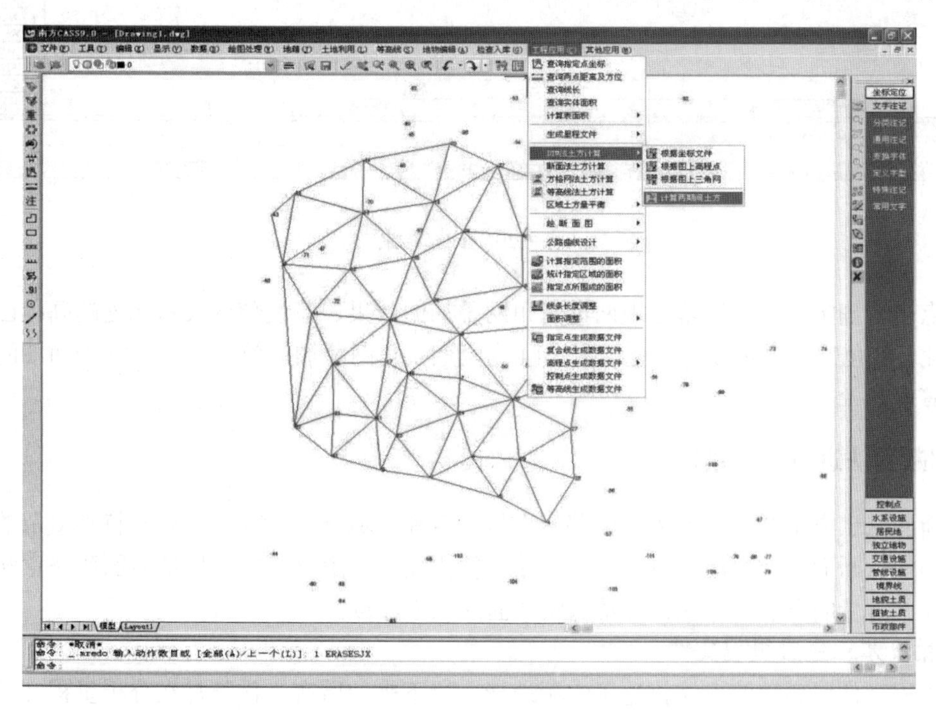

图 6.12　计算两期间土方

命令区提示：第一期三角网：（1）图面选择　（2）三角网文件<2>图面选择表示当前屏幕上已经显示的DTM模型，三角网文件指保存到文件中的DTM模型。

第二期三角网：（1）图面选择　（2）三角网文件<1>1 同上，默认选 1。则系统弹出计算结果。如图 6.13 所示。

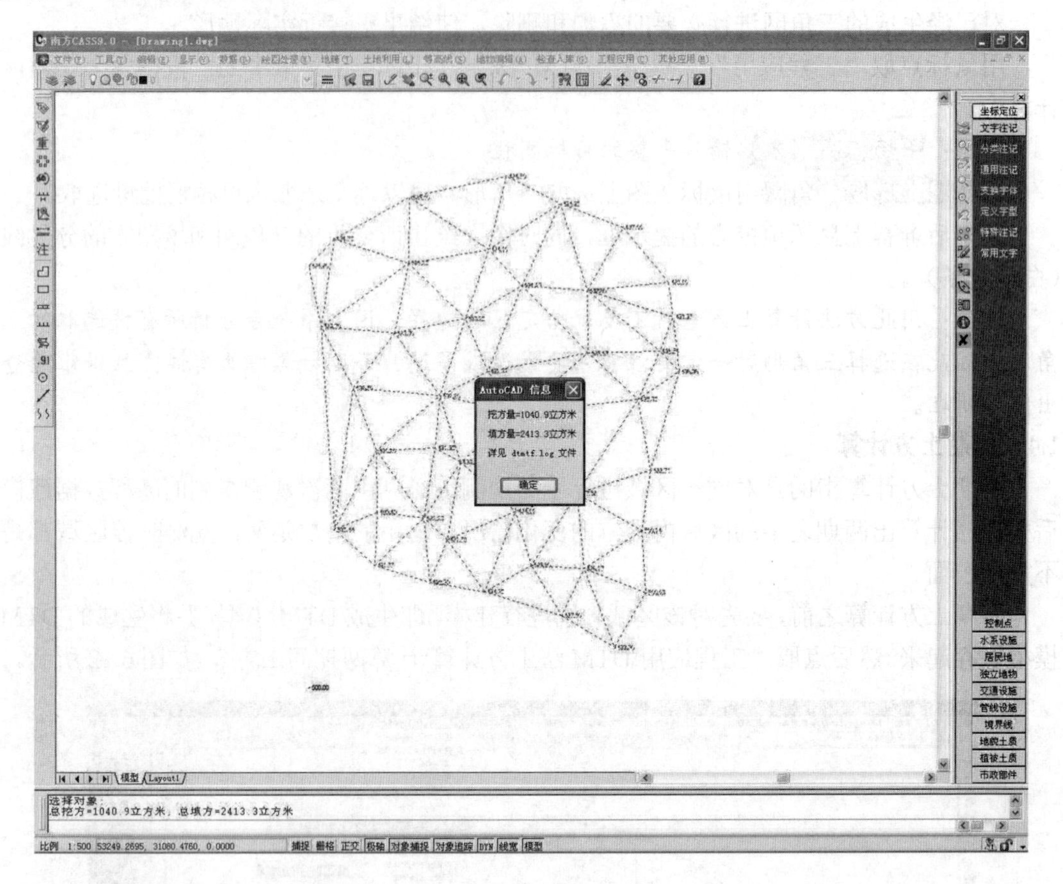

图 6.13　计算结果

点击“确定”后，屏幕出现两期三角网叠加的效果，蓝色部分表示此处的高程已经发生变化，红色部分表示没有变化。图 6.14 为两期三角网叠加的效果，图 6.15 为两期间土方量计算表。

2　用断面法进行土方量计算

断面法土方量计算主要用在公路土方量计算和区域土方量计算，对于特别复杂的地方可以用任意断面设计方法。断面法土方量计算主要有：道路断面、场地断面和任意断面三种计算土方量的方法。这里仅介绍道路断面法土方计算。

2.1　第一步：生成里程文件

里程文件用离散的方法描述了实际地形。接下来的所有工作都是在分析里程文件里的数据后才能完成的。

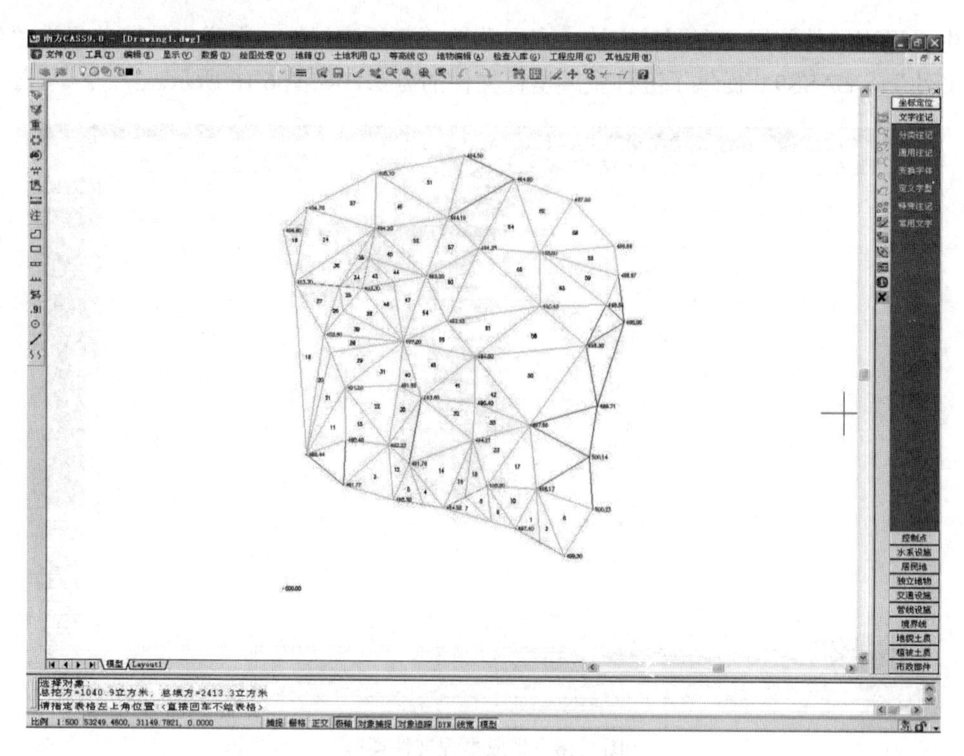

图 6.14　两期三角网叠加的效果

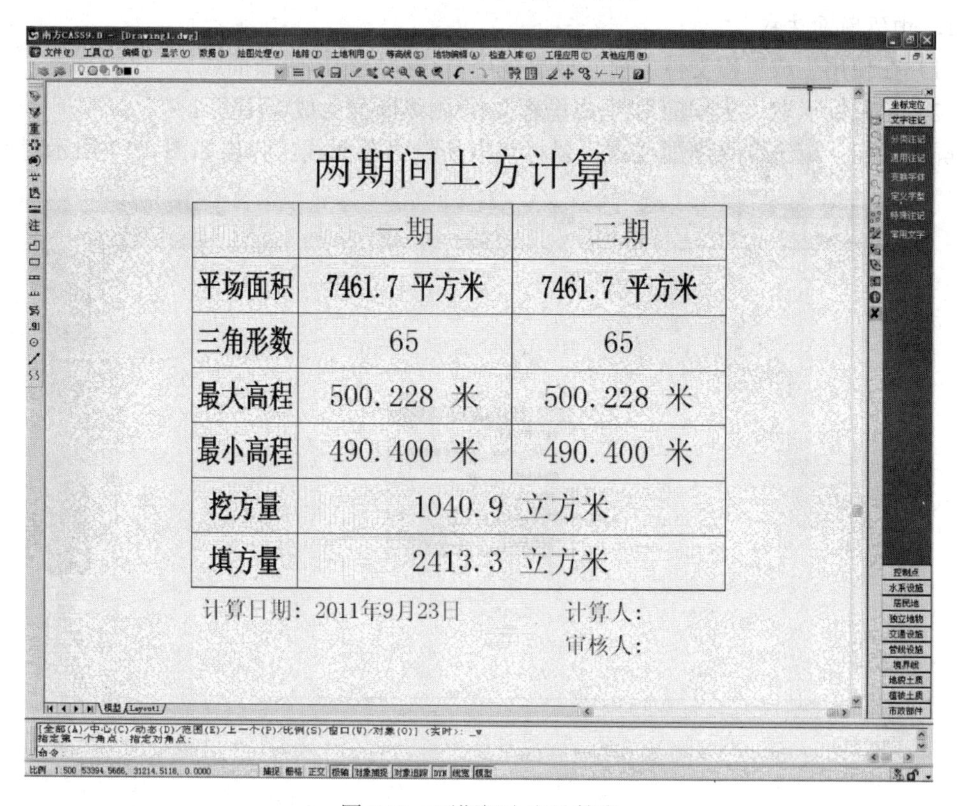

两期间土方计算

	一期	二期
平场面积	7461.7 平方米	7461.7 平方米
三角形数	65	65
最大高程	500.228 米	500.228 米
最小高程	490.400 米	490.400 米
挖方量	1040.9 立方米	
填方量	2413.3 立方米	

计算日期：2011年9月23日　　计算人：

审核人：

图 6.15　两期间土方计算表

生成里程文件常用的有四种方法，点取菜单“工程应用”，在弹出的菜单里选“生成里程文件”，CASS9.0 提供了五种生成里程文件的方法，如图 6.16 所示。

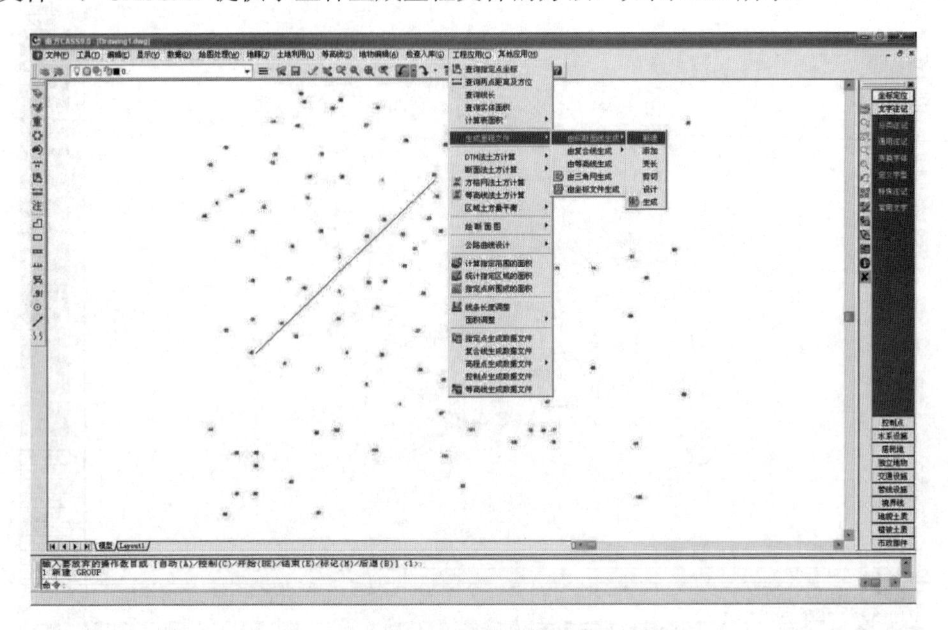

图 6.16　生成里程文件菜单

1. 由纵断面生成

（1）在使用生成里程文件之前，要事先用复合线绘制出纵断面线。

（2）用鼠标点取“工程应用\生成里程文件\由纵断面生成\新建”。

屏幕提示：请选取纵断面线：用鼠标点取所绘纵断面线，弹出如图 6.17 所示对话框。

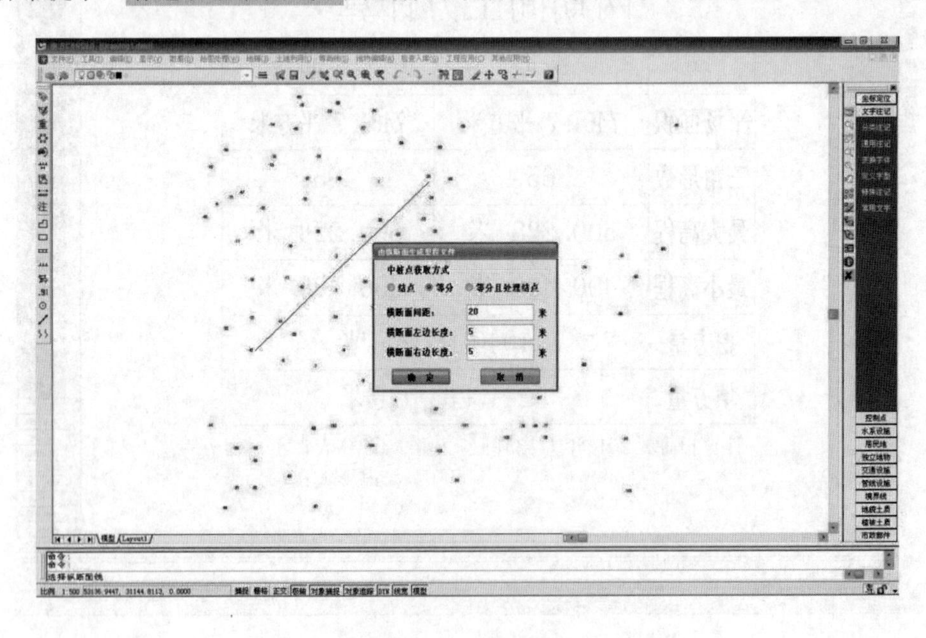

图 6.17　由纵断面生成里程文件对话框

中桩点获取方式："结点"表示结点上要有断面通过；"等分"表示从起点开始用相同的间距；"等分且处理结点"表示用相同的间距且要考虑不在整数间距上的结点。

横断面间距：指两个断面之间的距离，此处输入20。

横断面左边长度：输入大于0的任意值，此处输入5。

横断面右边长度：输入大于0的任意值，此处输入5。

选择其中的一种方式后则自动沿纵断面线生成横断面线，如图6.18所示。

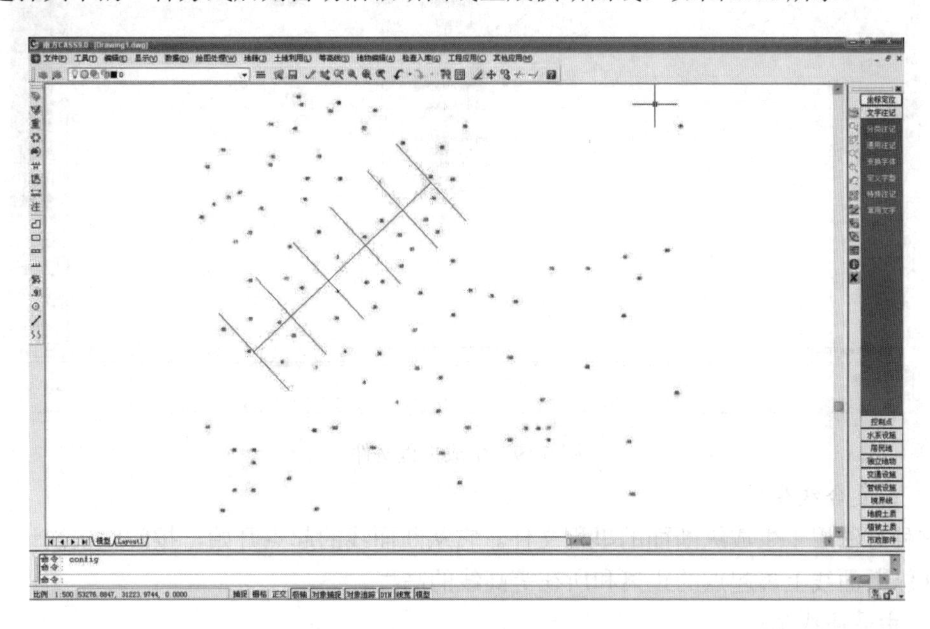

图6.18　由纵断面生成横断面

其他编辑功能用法如下：

添加：在现有基础上添加横断面线。执行"添加"功能，命令行提示：

选择纵断面线用鼠标选择纵断面线。

输入横断面左边长度：（米）20。

输入横断面右边长度：（米）20。

选择获取中桩位置方式：（1）鼠标定点（2）输入里程<1> 1表示直接用鼠标在纵断面线上定点；2表示输入线路加桩里程。

指定加桩位置：用鼠标定点或输入里程。

变长：可将图上横断面左右长度进行改变；执行"变长"功能，命令行提示：

选择纵断面线：用鼠标选择纵断面线。

选择横断面线：用鼠标选择横断面线。

输入横断面左边长度：（米） 21。

输入横断面右边长度：（米） 21，输入左右的目标长度后该断面变长。

剪切：指定纵断面线和剪切边后剪掉部分断面多余部分。

设计：直接给横断面指定设计高程。首先绘出横断面线的切割边界，选定横断面线后弹出设计高程输入框。

生成：当横断面设计完成后，点击“生成”将设计结果生成里程文件。如图 6.19 所示。

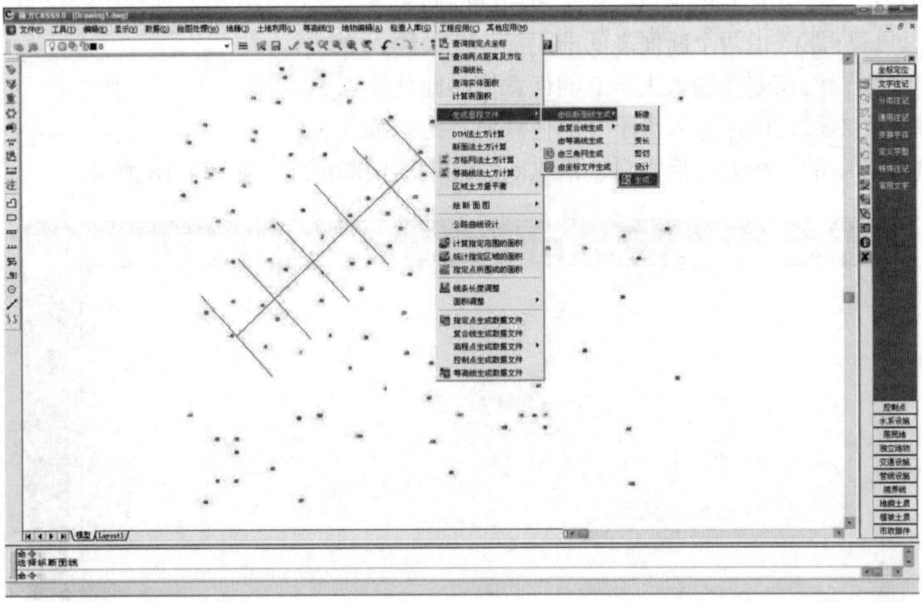

图 6.19　生成里程文件

2. 由复合线生成

这种方法用于生成纵断面的里程文件。它从断面线的起点开始，按间距依次记下每一交点在纵断面线上离起点的距离和所在等高线的高程。

3. 由等高线生成

这种方法只能用来生成纵断面的里程文件。它从断面线的起点开始，处理断面线与等高线的所有交点，依次记下每一交点在纵断面线上离起点的距离和所在等高线的高程。

在图上绘出等高线，再用轻量复合线绘制纵断面线（可用 PL 命令绘制）。

用鼠标点取“工程应用\生成里程文件\由等高线生成”。

屏幕提示：请选取断面线：用鼠标点取所绘纵断面线。

屏幕上弹出“输入断面里程数据文件名”的对话框，来选择断面里程数据文件。这个文件将保存要生成的里程数据。

屏幕提示：输入断面起始里程：<0.0>如果断面线起始里程不为 0，则在这里输入实际数值。点击回车，里程文件生成完毕。

4. 由三角网生成

这种方法只能用来生成纵断面的里程文件。它从断面线的起点开始，处理断面线与三角网的所有交点，依次记下每一交点在纵断面线上离起点的距离和所在三角形的高程。

在图上生成三角网，再用轻量复合线绘制纵断面线（可用 PL 命令绘制）。

用鼠标点取“工程应用\生成里程文件\由三角网生成”。

屏幕提示：请选取断面线：用鼠标点取所绘纵断面线。

屏幕上弹出“输入断面里程数据文件名”的对话框，来选择断面里程数据文件。这个文件将保存要生成的里程数据。

屏幕提示：输入断面起始里程：<0.0>如果断面线起始里程不为0，则在这里输入实际数值。点击回车，里程文件生成完毕。

5. 由坐标文件生成

用鼠标点取“工程应用”菜单下的“生成里程文件”子菜单中的“由坐标文件生成”。

屏幕上弹出“输入简码数据文件名”的对话框，来选择简码数据文件。这个文件的编码必须按以下方法定义，具体例子见“DEMO”子目录下的“ZHD.DAT”文件。

总点数

点号，M1, X坐标，Y坐标，高程　[其中，代码为Mi表示道路中心点，代码为i表示。]

点号，1，　X坐标，Y坐标，高程　[该点是对应Mi的道路横断面上的点。]

……

点号，M2，X坐标，Y坐标，高程

点号，2，　X坐标，Y坐标，高程

……

点号，Mi, X坐标，Y坐标，高程

点号，i，X坐标，Y坐标，高程

……

注意：M1、M2、Mi各点应按实际的道路中线点顺序，而同一横断面的各点可不按顺序。

幕上弹出“输入断面里程数据文件名”的对话框，来选择断面里程数据文件。这个文件将保存要生成的里程数据。

命令行出现提示：输入断面序号:<直接回车处理所有断面>如果输入断面序号，则只转换坐标文件中该断面的数据；如果直接回车，则处理坐标文件中所有断面的数据。

2.2 第二步：选择土方计算类型

用鼠标点取“工程应用\断面法土方计算\道路断面”，如图6.20所示。

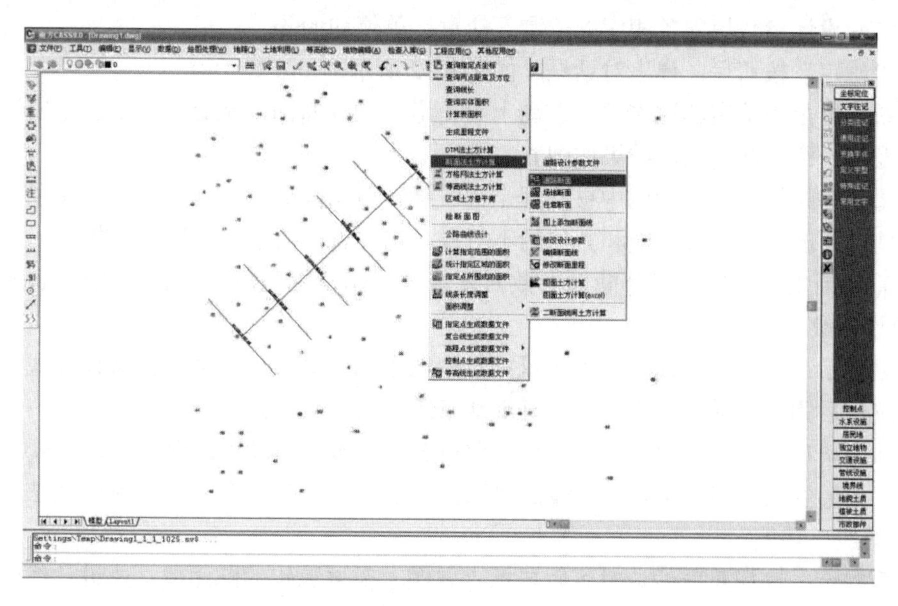

图6.20　断面法土方计算子菜单

点击后弹出对话框，道路断面的初始参数都可以在这个对话框中进行设置，如图 6.21 所示。

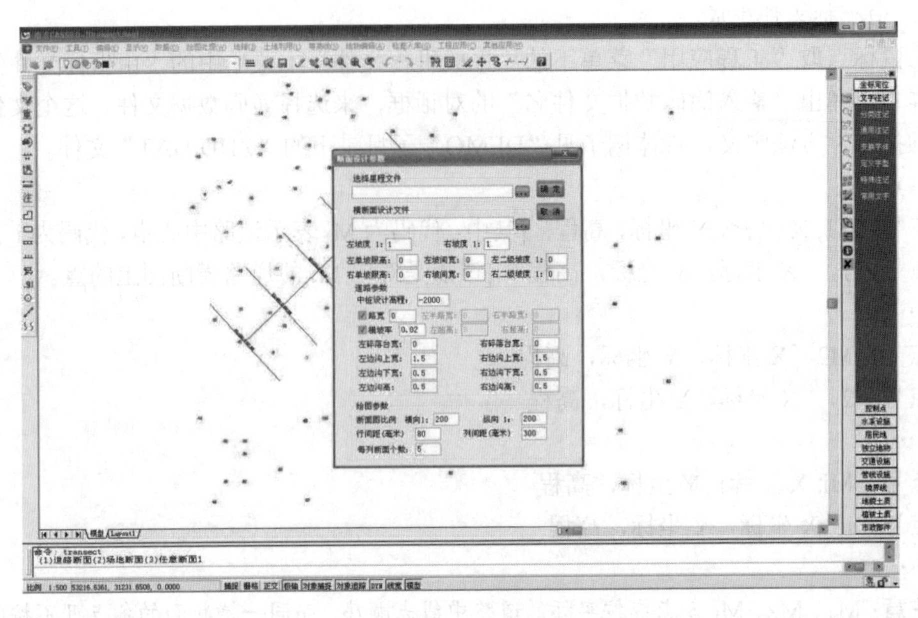

图 6.21　断面设计参数输入对话框

2.3　第三步：给定计算参数

接下来就是在上一步弹出的对话框中输入道路的各种参数，以达所需。

选择里程文件：

点击确定左边的按钮（上面有三点的），出现“选择里程文件名”的对话框。选定第一步生成的里程文件。

把实际设计参数填入各相应的位置。注意：单位均为 m。

点“确定”按钮后，弹出对话框。如图 6.22 所示。

系统根据上步给定的比例尺，在图上绘出道路的纵断面，至此，图上已绘出道路的纵断面图及每一个横断面图，结果如图 6.23 所示。

如果道路设计时该区段的中桩高程全部一样，就不需要下一步的编辑工作了。但实际上，有些断面的设计高程可能和其他的不一样，这样就需要手工编辑这些断面。

（1）如果生成的部分设计断面参数需要修改，用鼠标点取“工程应用\断面法土方计算\修改设计参数”。

屏幕提示：选择断面线这时可用鼠标点取图上需要编辑的断面线，选设计线或地面线均可。选中后弹出对话框，可以非常直观地修改相应参数。

修改完毕后点击“确定”按钮，系统取得各个参数，自动对断面图进行重算。

（2）如果生成的部分实际断面线需要修改，则用鼠标点取“工程应用\断面法土方计算\编辑断面线”功能。

屏幕提示：选择断面线这时可用鼠标点取图上需要编辑的断面线，选设计线或地面线均可（但编辑的内容不一样）。选中后弹出对话框，可以直接对参数进行编辑。

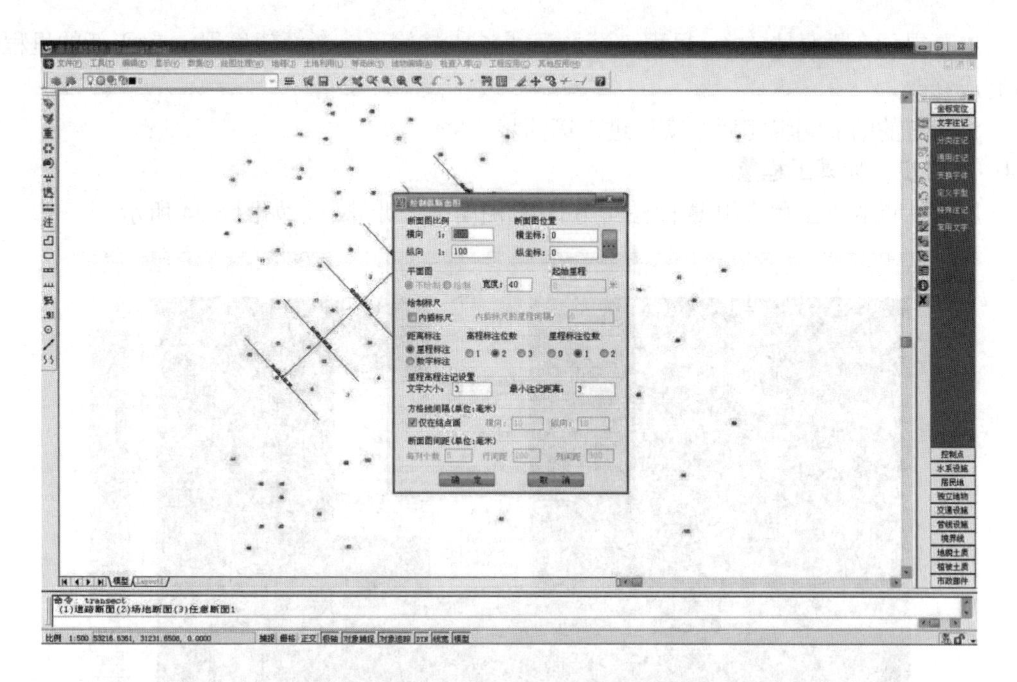

图 6.22　绘制纵断面图设置

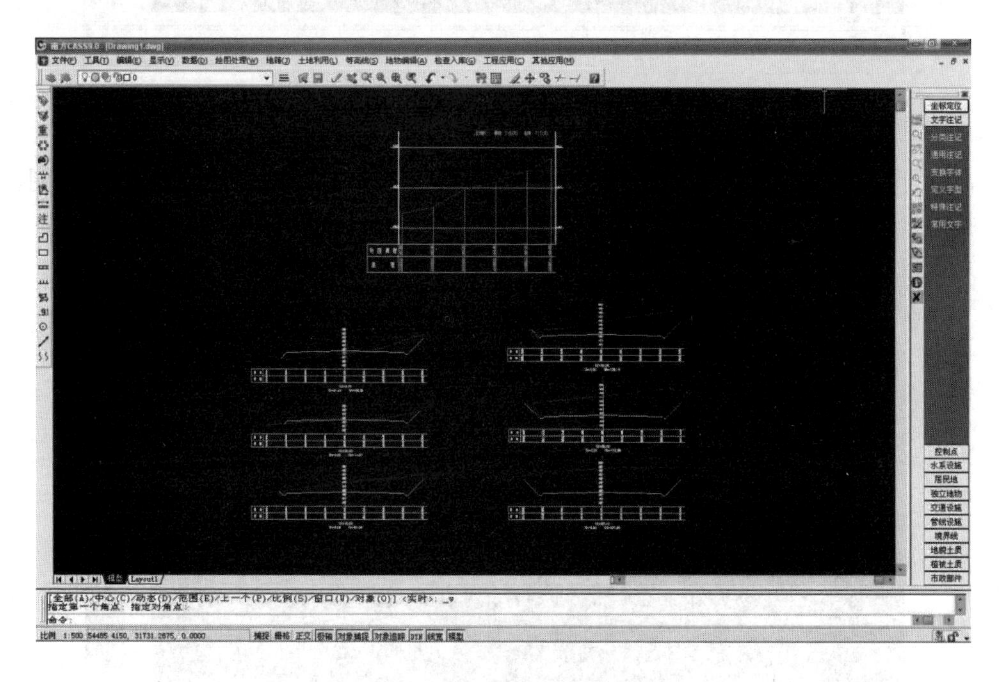

图 6.23　纵横断面图成果示意图

（3）如果生成的部分断面线的里程需要修改，用鼠标点取“工程应用\断面法土方计算\修改断面里程”。

屏幕提示：选择断面线这时可用鼠标点取图上需要修改的断面线，选设计线或地面线均可。

屏幕提示：断面号：×，里程：××.. ×××,请输入该断面新里程：输入新的里程即可完成修改。

将所有的断面编辑完后，就可进入第四步。

2.4　第四步：计算工程量

用鼠标点取“工程应用\断面法土方计算\图面土方计算”，如图 6.24 所示。

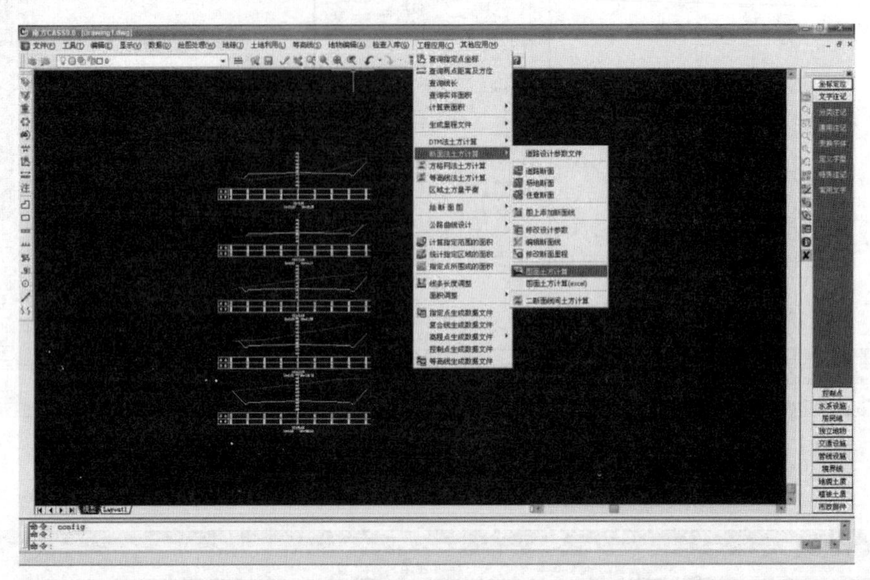

图 6.24　图面土方计算子菜单

命令行提示：选择要计算土方的断面图：拖框选择所有参与计算的道路横断面图。

指定土石方计算表左上角位置：在屏幕适当位置点击鼠标定点。

系统自动在图上绘出土石方数量计算表，如图 6.25 所示。

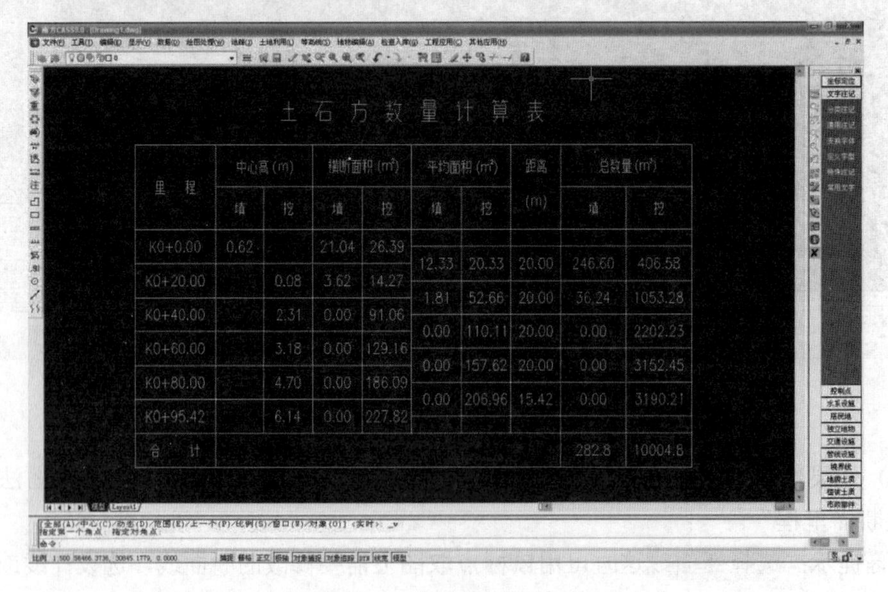

土石方数量计算表

里程	中心高(m)		横断面积(m²)		平均面积(m²)		距离(m)	总数量(m³)	
	填	挖	填	挖	填	挖		填	挖
K0+0.00	0.62		21.04	26.39					
					12.33	20.33	20.00	246.60	406.58
K0+20.00		0.08	3.62	14.27					
					1.81	52.66	20.00	36.24	1053.28
K0+40.00		2.31	0.00	91.06					
					0.00	110.11	20.00	0.00	2202.23
K0+60.00		3.18	0.00	129.16					
					0.00	157.62	20.00	0.00	3152.45
K0+80.00		4.70	0.00	186.09					
					0.00	206.96	15.42	0.00	3190.21
K0+95.42		6.14	0.00	227.82					
合　计								282.8	10004.8

图 6.25　土石方数量计算表

命令行提示：总挖方= ××××立方米，总填方= ××××立方米。

至此，该区段的道路填挖方量已经计算完成，可以将道路纵横断面图和土石方计算表打印出来，作为工程量的计算结果。

3　方格网法土方量计算

由方格网来计算土方量是根据实地测定的地面点坐标（*X*，*Y*，*Z*）和设计高程，通过生成方格网来计算每一个方格内的填挖方量，最后累计得到指定范围内填方和挖方的土方量，并绘出填挖方分界线。

系统首先将方格四个角上的高程相加（如果角上没有高程点，通过周围高程点内插得出其高程），取平均值与设计高程相减。然后通过指定的方格边长得到每个方格的面积，再用长方体的体积计算公式得到填挖方量。方格网法简便直观，易于操作，因此这一方法在实际工作中应用非常广泛。

用方格网法算土方量，设计面可以是平面，也可以是斜面，还可以是三角网。

1. 设计面是平面时的操作步骤

用复合线画出所要计算土方量的区域，一定要闭合，但是尽量不要拟合。因为拟合过的曲线在进行土方量计算时会用折线迭代，影响计算结果的精度。

选择“工程应用\方格网法土方计算”命令。如图 6.26 所示。

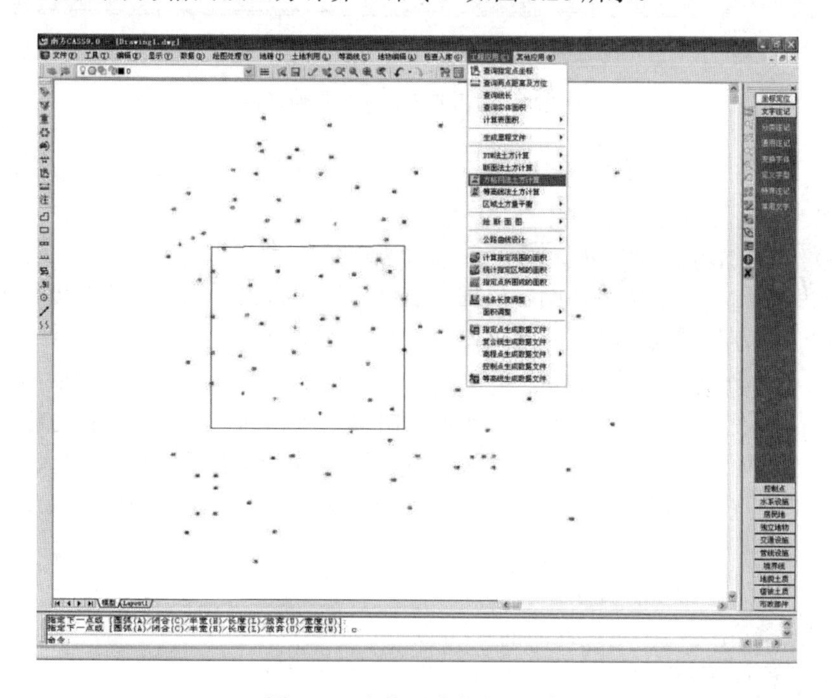

图 6.26　方格网法土方量计算

命令行提示：选择计算区域边界线，选择土方量计算区域的边界线（闭合复合线）。

屏幕上将弹出如图 6.27 所示的“方格网土方计算”对话框，在对话框中选择所需的坐标文件；在“设计面”栏选择“平面”，并输入目标高程；在“方格宽度”栏，输入方格网的宽度，这是每个方格的边长，默认值为 20m。由原理可知，方格的宽度越小，计算精度越高。但如果给的值太小，超过了野外采集的点的密度也是没有实际意义的。

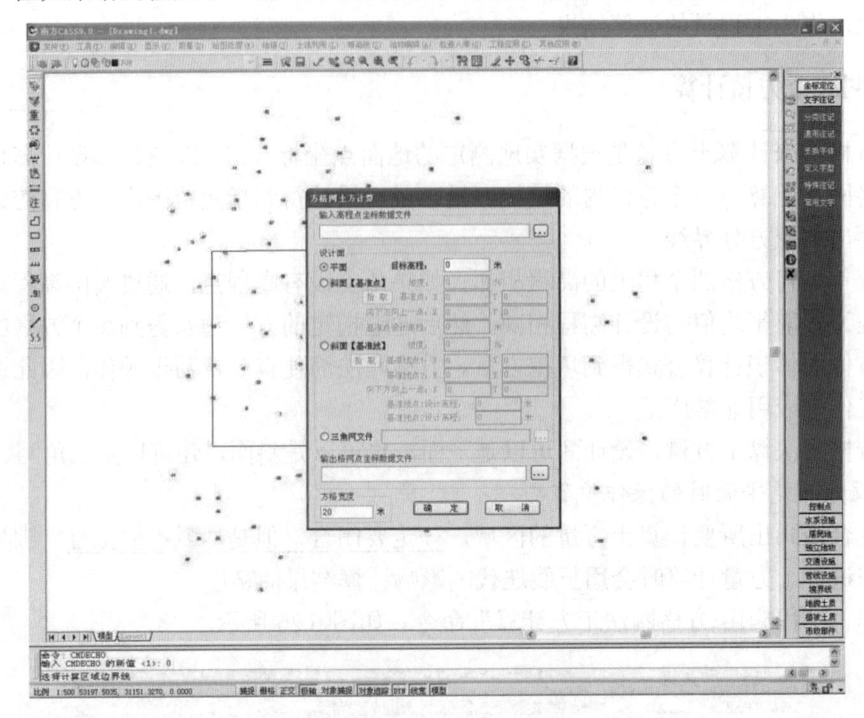

图 6.27　方格网土方量计算对话框

点击“确定”，命令行提示：

最小高程=××.×××，最大高程=××.×××

总填方=××××.×立方米，总挖方=×××.×立方米

同时图上绘出所分析的方格网，填挖方的分界线（绿色折线），并给出每个方格的填挖方，每行的挖方和每列的填方。结果如图 6.28 所示。

2. 设计面是斜面时的操作步骤

设计面是斜面的时候，操作步骤与平面的时候基本相同，区别在于在方格网土方计算对话框中“设计面”栏中，选择“斜面【基准点】”或“斜面【基准线】”。如果设计的面是斜面（基准点），需要确定坡度、基准点和向下方向上一点的坐标，以及基准点的设计高程。

点击“拾取”，命令行提示：

点取设计面基准点：确定设计面的基准点。

指定斜坡设计面向下的方向：点取斜坡设计面向下的方向。

如果设计的面是斜面（基准线），需要输入坡度并点取基准线上的两个点以及基准线向下方向上的一点，最后输入基准线上两个点的设计高程即可进行计算。

点击“拾取”，命令行提示：

点取基准线第一点：点取基准线的一点。

点取基准线第二点：点取基准线的另一点。

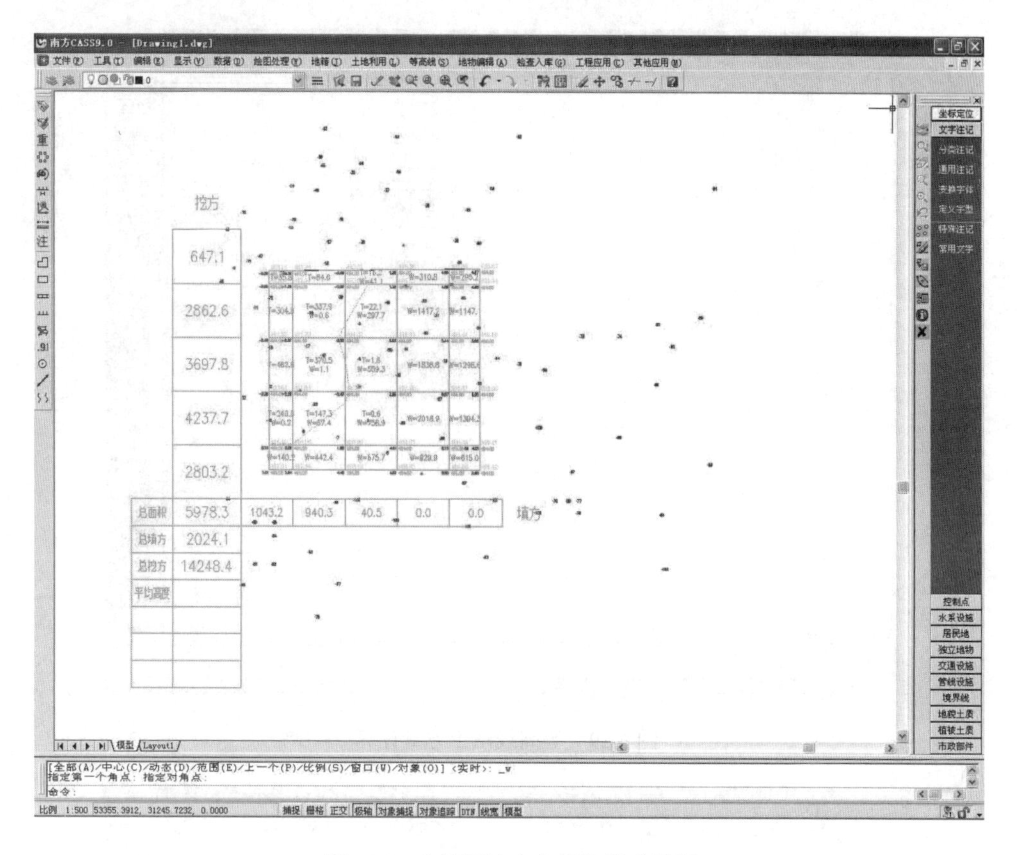

图 6.28 方格网法土方量计算成果图

指定设计高程低于基准线方向上的一点:指定基准线方向两侧低的一边。

3. 设计面是三角网文件时的操作步骤

选择设计的三角网文件，点击“确定”，即可进行方格网土方计算。三角网文件由“等高线”菜单生成。

4 等高线法土方量计算

用户将白纸图扫描矢量化后可以得到图形。但这样的图都没有高程数据文件，所以无法用前面的几种方法计算土方量。

一般来说，这些图上都会有等高线，所以，CASS9.0 开发了由等高线计算土方量的功能，专为这类用户设计。

用此功能可计算任两条等高线之间的土方量，但所选等高线必须闭合。由于两条等高线所围面积可求，两条等高线之间的高差已知，则可求出这两条等高线之间的土方量。

点取“工程应用”下的“等高线法土方计算”，如图 6.29 所示。

屏幕提示：选择参与计算的封闭等高线可逐个点取参与计算的等高线，也可按住鼠标左键拖框选取。但是只有封闭的等高线才有效。

回车后屏幕提示：输入最高点高程：<直接回车不考虑最高点>。

回车后，屏幕弹出如图 6.30 所示的总方量消息框。

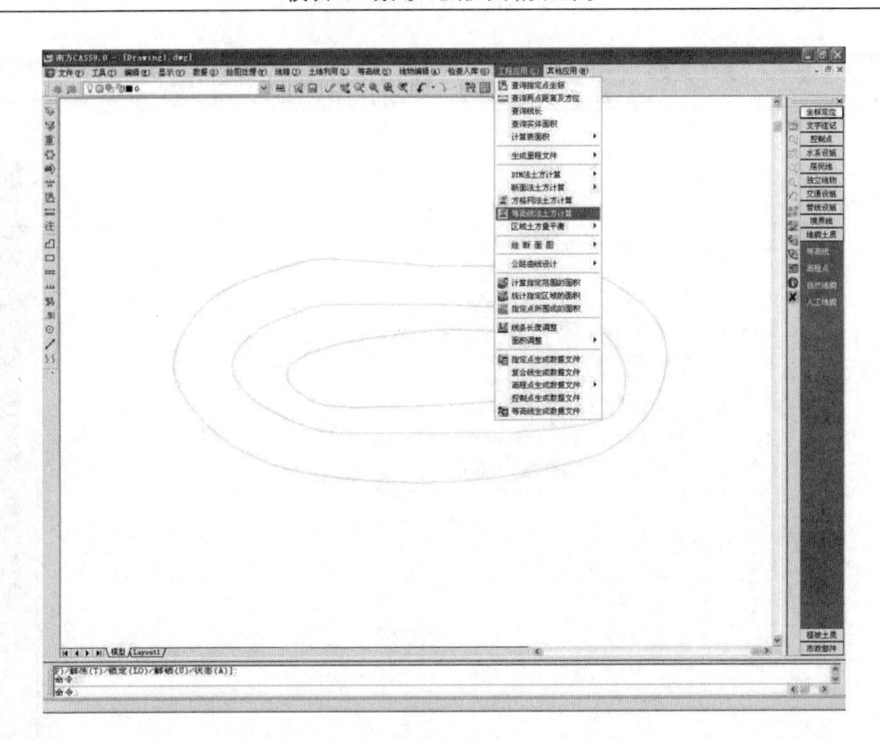

图 6.29　等高线法土方量计算

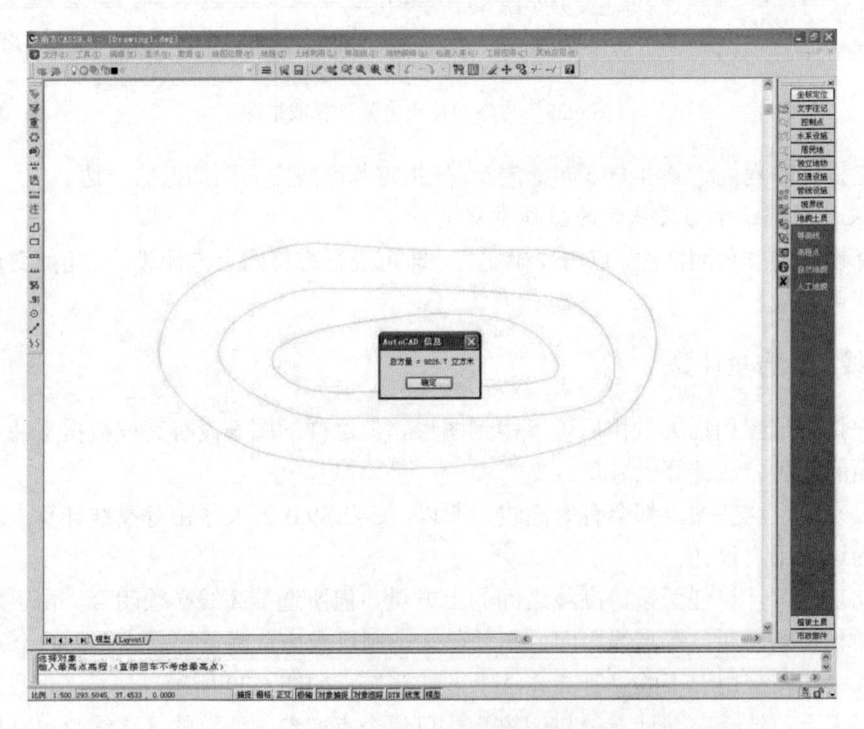

图 6.30　等高线法土方计算总方量消息框

回车后屏幕提示：请指定表格左上角位置：<直接回车不绘制表格>在图上空白区域点击鼠标右键，系统将在该点绘出计算成果表格，如图 6.31 所示。

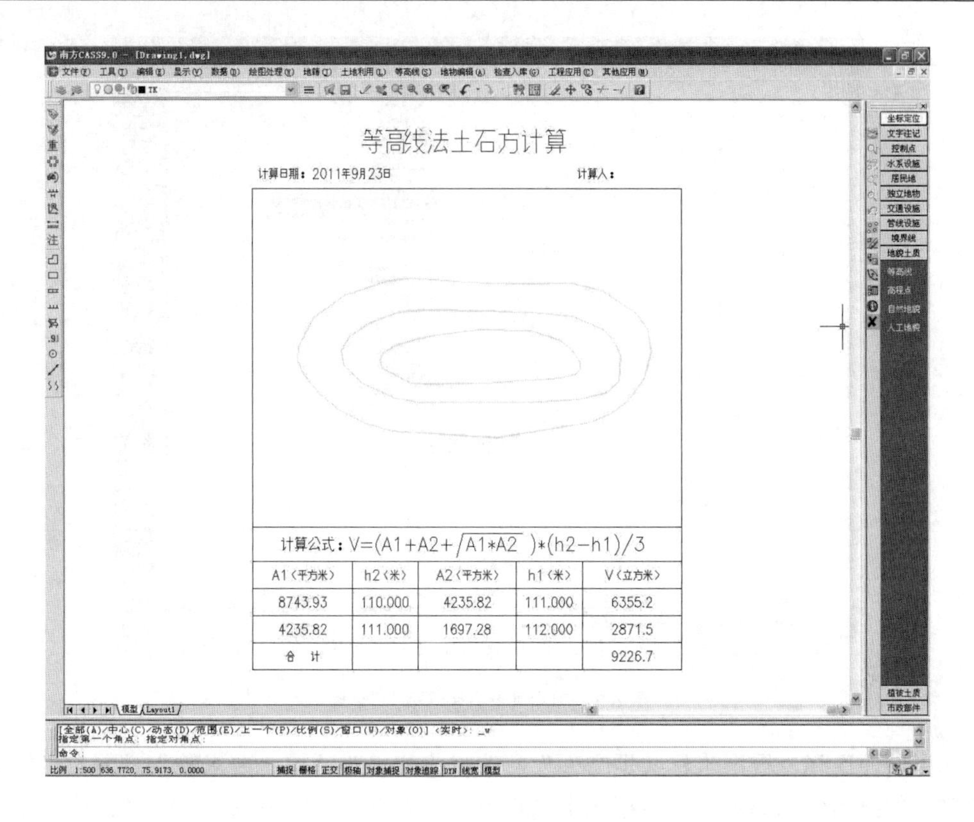

图 6.31　等高线法土方量计算

可以从表格中看到每条等高线围成的面积和两条相邻等高线之间的土方量，另外，还有计算公式等。需要说明的是,计算公式中 h1 和 h2 的位置出错,出图时要注意改过。

5　区域土方量平衡

土方量平衡的功能常在场地平整时使用。当一个场地的土方量平衡时，挖掉的土石方刚好等于填方量。以填挖方边界线为界，从较高处挖得的土石方直接填到区域内较低的地方，就可完成场地平整。这样可以大幅度减少运输费用。此方法只考虑体积上的相等，并未考虑砂石密度等因素。

在图上展出点，用复合线绘出需要进行土方量平衡计算的边界。

点取“工程应用\区域土方量平衡\根据坐标文件（根据图上高程点）”。如图 6.32 所示。

如果要分析整个坐标数据文件，可直接回车，如果没有坐标数据文件，而只有图上的高程点，则选“根据图上高程点”。

命令行提示：选择边界线点取第一步所画闭合复合线。

输入边界插值间隔（米）：<20>

这个值将决定边界上的取样密度，如前面所说，如果密度太大，超过了高程点的密度，实际意义并不大。一般用默认值即可。

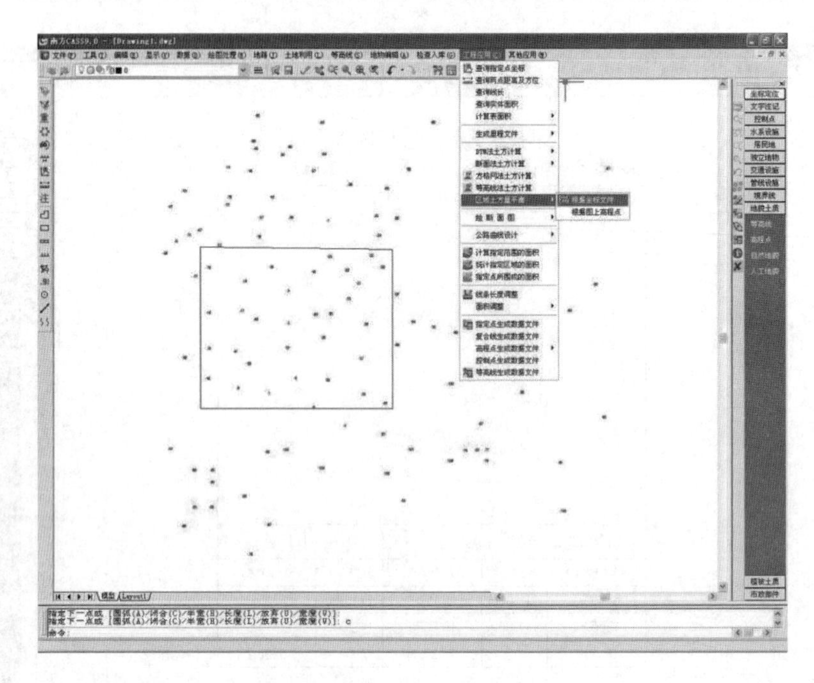

图 6.32　区域土方量平衡子菜单

如果前面选择“根据坐标数据文件”，这里将弹出对话框，要求输入高程点坐标数据文件名，如果前面选择的是“根据图上高程点”，此时命令行将提示：选择高程点或控制点：用鼠标选取参与计算的高程点或控制点。

回车后弹出如图 6.33 所示的对话框。

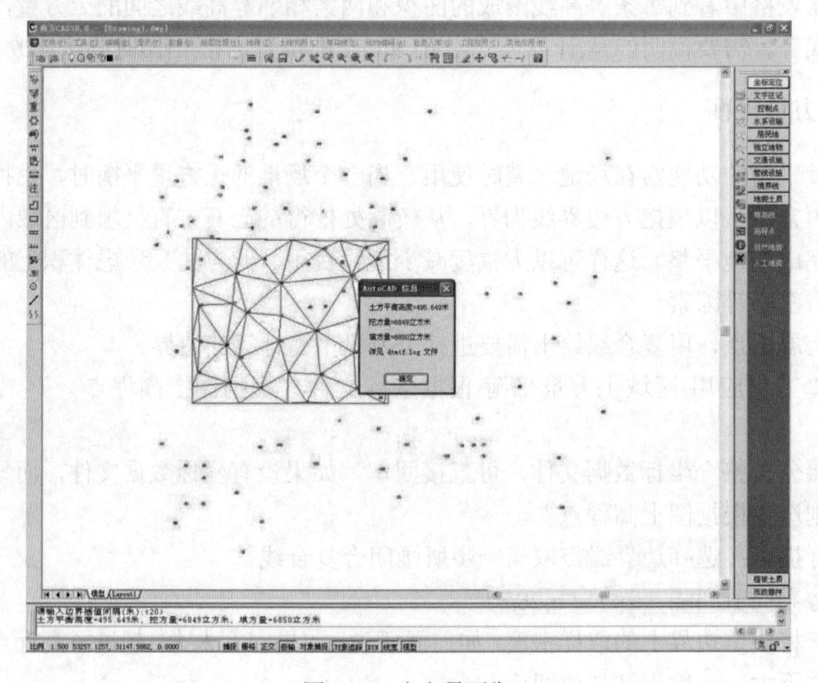

图 6.33　土方量平衡

同时命令行出现提示：土方平衡高度= ×××米，挖方量= ×××立方米，填方量=×××立方米

点击对话框的确定按钮，命令行提示：请指定表格左下角位置：<直接回车不绘制表格>在图上空白区域点击鼠标左键，在图上绘出计算结果表格，如图 6.34 所示。

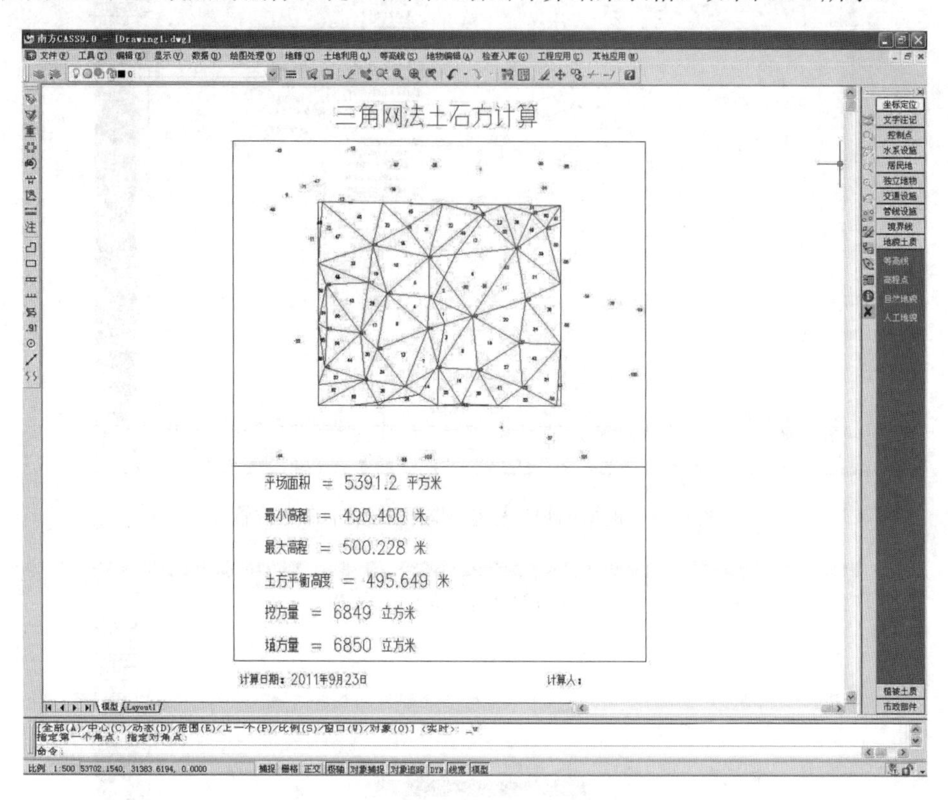

图 6.34　区域土方量平衡

任务3　绘 制 断 面 图

绘制断面图的方法有四种：①根据已知坐标；②根据里程文件绘制；③根据等高线绘制；④根据三角网绘制。以下介绍由图面生成断面图的方法和步骤。

先用复合线生成断面线，点取“工程应用\绘断面图\根据已知坐标”功能。如图 6.35 所示。

屏幕提示：选择断面线用鼠标点取上步所绘断面线。屏幕上弹出“断面线上取值”的对话框，如图 6.36 所示。如果“坐标获取方式”栏中选择“由数据文件生成”，则在“坐标数据文件名”栏中选择高程点数据文件。

如果选“由图面高程点生成”，此步则为在图上选取高程点，前提是图面存在高程点，否则此方法无法生成断面图。

输入采样点间距：系统的默认值为 20m。采样点间距的含义是复合线上两顶点之间若大于此间距，则每隔此间距内插一个点。

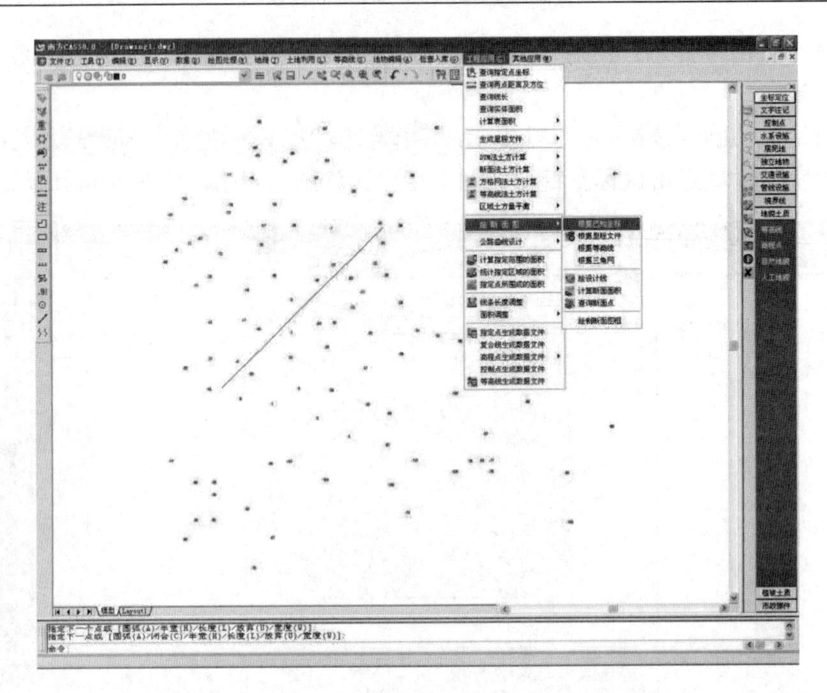

图 6.35　根据已知坐标绘制断面图菜单命令位置

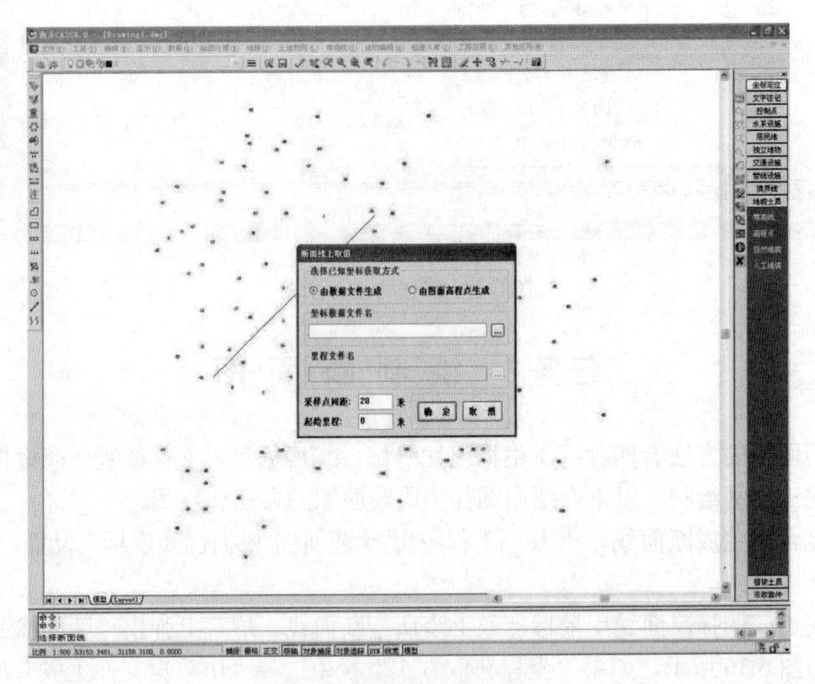

图 6.36　断面线上取值对话框

输入起始里程<0.0>：系统默认起始里程为 0。

点击“确定”之后，屏幕弹出绘制纵断面图对话框，如图 6.37 所示。

输入相关参数，如：

横向比例为 1:<500>，输入横向比例，系统的默认值为 1:500。

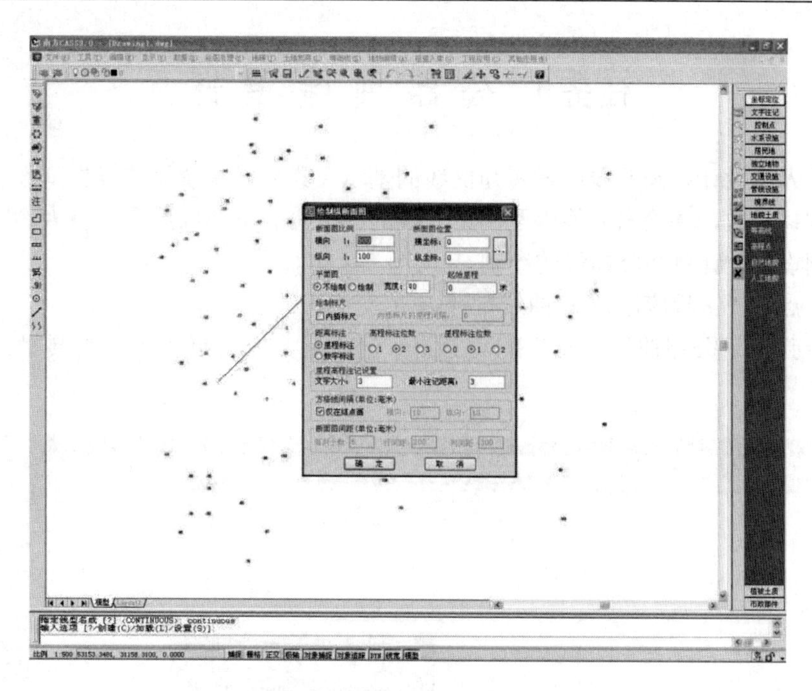

图 6.37　绘制纵断面图对话框

纵向比例为 1:<100>，输入纵向比例，系统的默认值为 1:100。

断面图位置：可以手工输入，也可在图面上拾取。

可以选择是否绘制平面图、标尺、标注；还有一些关于注记的设置。

点击“确定”之后，在屏幕上出现所选断面线的断面图，如图 6.38 所示。

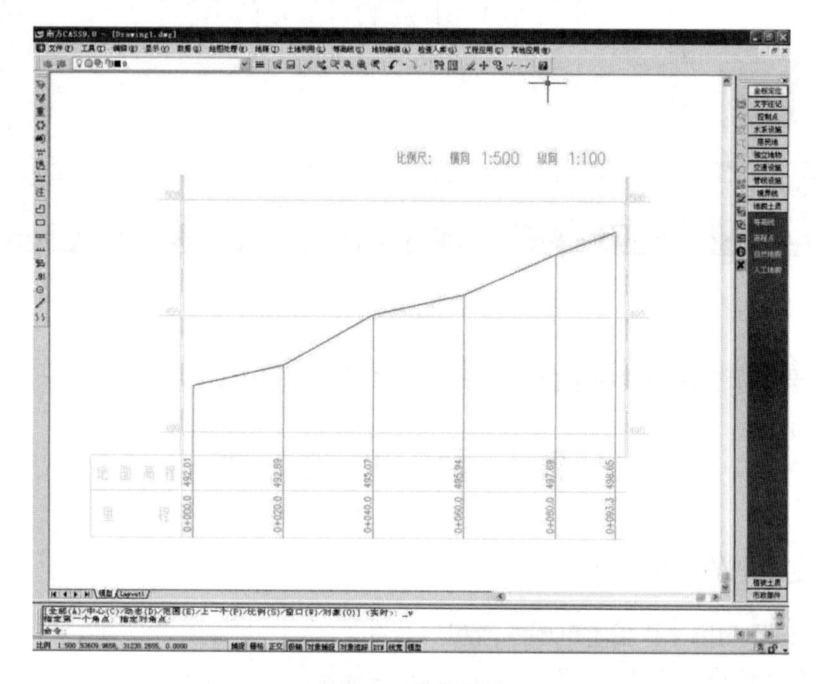

图 6.38　纵断面图

任务4 公路曲线设计

当设计人员设计好圆曲线或者缓和曲线的基本要素后，系统就要根据基本要素算出测设曲线的放样参数，并绘出曲线以及注记曲线的特征点。下面以单个交点为例说明圆曲线的设计、测设参数计算和圆曲线的绘制。

用鼠标点取“工程应用\公路曲线设计\单个交点”。

屏幕上弹出“公路曲线计算”的对话框，输入起点、交点和各曲线要素。如图 6.39 所示。

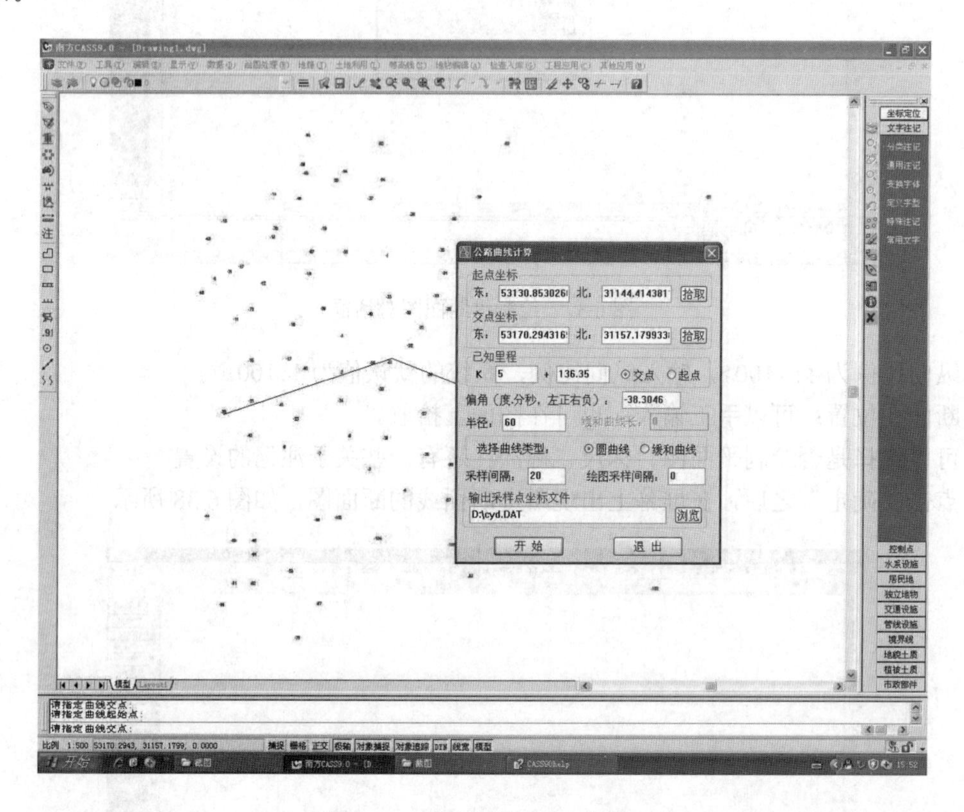

图 6.39 公路曲线计算对话框

屏幕上会显示公路曲线和平曲线要素表。如图 6.40 所示。

任务5 面积应用

1 计算指定范围的面积

选择“工程应用\计算指定范围的面积”命令。

提示：1．选目标 / 2．选图层 / 3．选指定图层的目标<1>

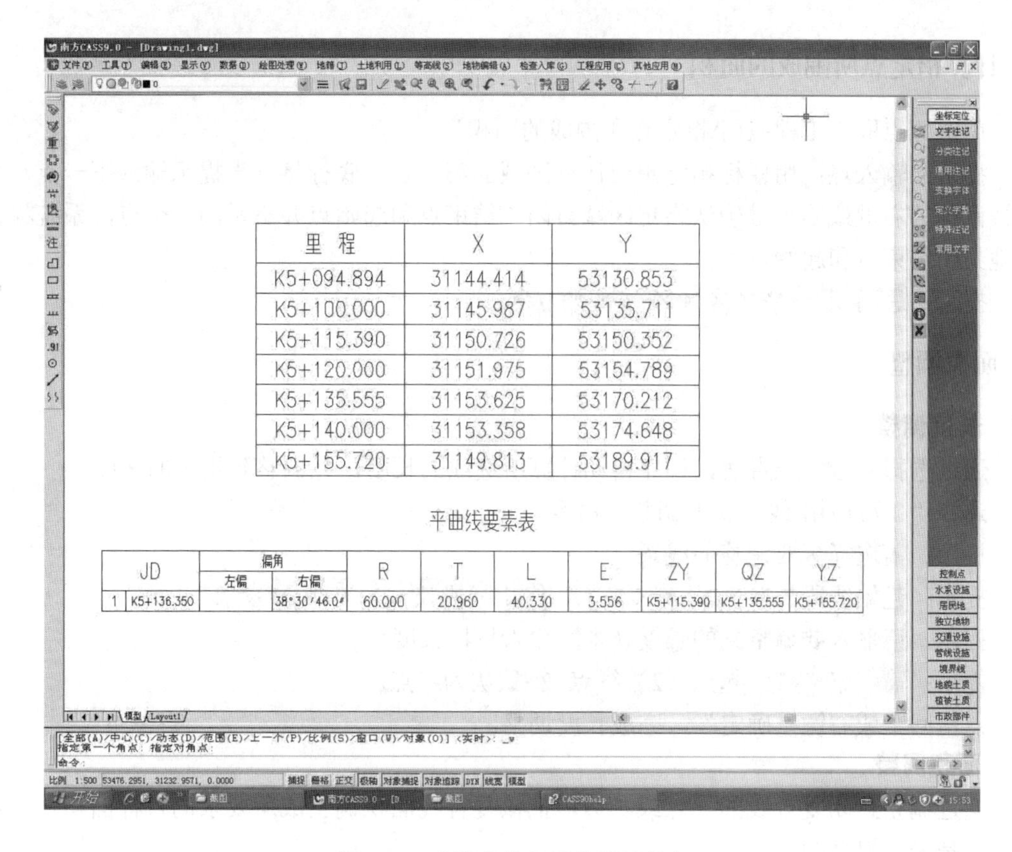

里 程	X	Y
K5+094.894	31144.414	53130.853
K5+100.000	31145.987	53135.711
K5+115.390	31150.726	53150.352
K5+120.000	31151.975	53154.789
K5+135.555	31153.625	53170.212
K5+140.000	31153.358	53174.648
K5+155.720	31149.813	53189.917

平曲线要素表

JD		偏角		R	T	L	E	ZY	QZ	YZ
		左偏	右偏							
1	K5+136.350		38°30′46.0″	60.000	20.960	40.330	3.556	K5+115.390	K5+135.555	K5+155.720

图 6.40 公路曲线和平曲线要素表

输入 1：即要求您用鼠标指定需计算面积的地物，可用窗选、点选等方式，计算结果注记在地物重心上，且用青色阴影线标示。

输入 2：系统提示您输入图层名，结果把该图层的封闭复合线地物面积全部计算出来并注记在重心上，且用青色阴影线标示。

输入 3：则先选图层，再选择目标，特别采用窗选时系统自动过滤，只计算注记指定图层被选中的以复合线封闭的地物。

提示：是否对统计区域加青色阴影线? <Y>默认为“是”。

提示：总面积 = ×××××.××平方米

2 统计指定区域的面积

该功能用来将上面注记在图上的面积累加起来。

用鼠标点取“工程应用\统计指定区域的面积”。

提示：面积统计 -- 可用:窗口（W.C）/多边形窗口（WP.CP）/...等多种方式选择已计算过面积的区域

选择对象:选择面积文字注记（用鼠标拉一个窗口即可）。

提示：总面积 = ×××××.××平方米

3　计算指定点所围成的面积

用鼠标点取“工程应用\指定点所围成的面积”。

提示：输入点：用鼠标指定想要计算区域的第一点，底行将一直提示输入下一点，直到按鼠标的右键或回车键确认指定区域封闭（结束点和起始点并不是同一个点，系统将自动地封闭结束点和起始点）。

提示：总面积 = ×××××.××平方米

4　面积调整

4.1　长度调整

通过选择复合线或直线，程序自动计算所选线的长度，并调整到指定的长度。

选择“工程应用\线条长度调整”命令。

提示：请选择想要调整的线条

提示：起始线段长×××.×××米，终止线段长×××.×××米

提示：请输入要调整到的长度（米）输入目标长度。

提示：需调整　（1）起点（2）终点<2>默认为终点。

点击回车或右键“确定”，完成长度调整。

4.2　面积调整

通过调整封闭复合线的一点或一边，把该复合线面积调整成所要求的目标面积。复合线要求是未经拟合的。

如果选择调整一点，复合线被调整顶点将随鼠标的移动而移动，整个复合线的形状也会跟着发生变化。同时可以看到屏幕左下角实时显示变化着的复合线面积，待该面积达到所要求数值，点击鼠标左键确定被调整点的位置。如果面积数变化太快，可将图形局部放大再使用本功能。

如果选择调整一边，复合线被调整边将会平行向内或向外移动以达到所要求的面积值。

如果选择在一边调整一点，该边会根据目标面积而缩短或延长，另一顶点固定不动。原来连到此点的其他边会自动重新连接（图 6.41）。

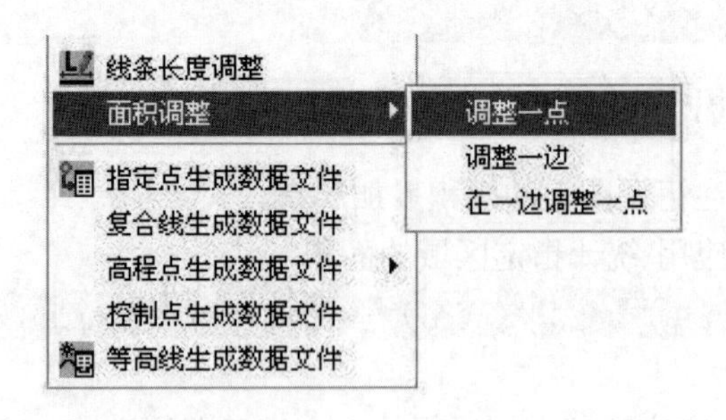

图 6.41　面积调整菜单

任务6 图 数 转 换

1 数据文件

1.1 指定点生成数据文件

用鼠标点取“工程应用\指定点生成数据文件”。

屏幕上弹出需要“输入数据文件名”的对话框，来保存数据文件。如图 6.42 所示。

图 6.42 输入数据文件名对话框

提示：指定点:用鼠标点需要生成数据的指定点。

地物代码:输入地物代码，如房屋为 F0 等。

高程:输入指定点的高程。

测量坐标系：X= ××××.×××m Y=××××.×××m Z=×××.×××m Code: ××××此提示为系统自动给出。

请输入点号:<9>默认的点号是由系统自动追加的，也可以自己输入。

是否删除点位注记？（Y/N） <N>默认不删除点位注记。

至此，一个点的数据文件已生成。

1.2 高程点生成数据文件

用鼠标点取“工程应用\高程点生成数据文件\有编码高程点（无编码高程点、无编码水深点、海图水深注记）”，如图 6.43 所示。

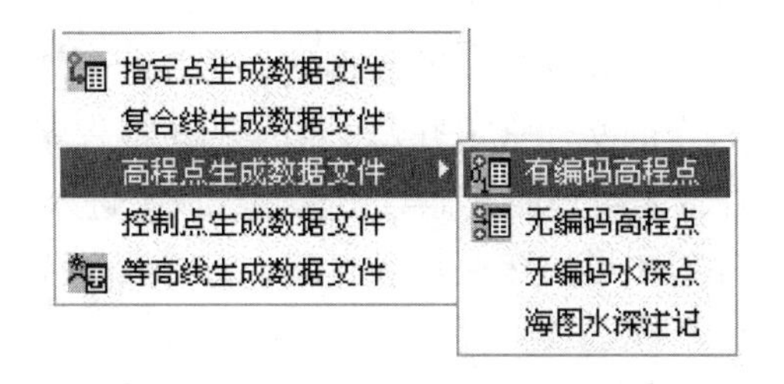

图 6.43 高程点生成数据文件菜单

屏幕上弹出“输入数据文件名”的对话框，来保存数据文件。

提示：请选择:（1）选取区域边界（2）直接选取高程点或控制点<1>选择获得高程点的方法，系统的默认设置为“选取区域边界”。

选择（1），提示：请选取建模区域边界:用鼠标点取区域的边界。提示：OK!

选择（2），提示：选择对象:（选择物体）用鼠标点取要选取的点。

如果选择“无编码高程点”生成数据文件，则首先要保证全部的高程点在一个图层，全部的高程注记也在一个图层，高程点和注记可以在同一层，执行该命令后命令行提示：

请输入高程点所在层:输入高程点所在的层名。

请输入高程注记所在层:<直接回车取高程点实体Z值>输入高程注记所在的层名。

共读入×个高程点有此提示时表示成功生成了数据文件。

如果选择“无编码水深点”生成数据文件，则首先要保证水深高程点和高程注记必须各自在同一层中（水深高程点和注记可以在同一层），执行该命令后命令行提示：

请输入水深点所在图层:输入高程点所在的层名。

共读入×个水深点有该提示时表示成功生成了数据文件。

1.3 控制点生成数据文件

用鼠标点取“工程应用”菜单下的“控制点生成数据文件”。

屏幕上弹出“输入数据文件名”的对话框，来保存数据文件。

提示：共读入 ×××个控制点

1.4 等高线生成数据文件

用鼠标点取“工程应用”菜单下的“等高线生成数据文件”。

屏幕上弹出“输入数据文件名”的对话框，来保存数据文件。

提示：（1）处理全部等高线结点，（2）处理滤波后等高线结点<1>。

等高线滤波后结点数会少很多，这样可以缩小生成数据文件的大小。

执行完后，系统自动分析图上绘出的等高线，将所在结点的坐标记入第一步给定的文件中。

2 交换文件

CASS9.0软件为用户提供了多种文件形式的数字地图，除AutoCAD的.dwg文件外，还提供了CASS本身定义的数据交换文件（后缀为.cas）。这为用户的各种应用带来了极大的方便。.dwg文件一般方便用户作各种规划设计和图库管理，.cas文件方便用户将数字地图导入GIS。由于.cas文件是全信息的，因此在经过一定的处理后便可以将数字地图的所有信息毫无遗漏地导入GIS。由于.cas文件的数据格式是公开的（详见《CASS9.0参考手册》），用户很容易根据自己GIS平台的文件格式开发出相应的转换程序。

CASS的数据交换文件也为用户的其他数字化测绘成果进入CASS系统提供了方便之门。CASS的数据交换文件与图形的转换是双向的，它的操作菜单中提供了这种双向转换的功能，即“生成交换文件”和“读入交换文件”。这就是说，不论用户的数字化测绘成果是以何种方法、何种软件、何种工具得到的，只要能转换为（生成）CASS系统的数据交换文件，就可以将它导入CASS系统，就可以为数字化测图工作利用。另外，CASS系统本身的“简码识别”功能就是把从电子手簿传过来的简码坐标数据文件转换成.cas 交换文件，然后用“绘平面图”功能读出该文件而实现自动成图的。

2.1 生成交换文件

用鼠标点取“数据”菜单下的“生成交换文件”。如图 6.44 所示。

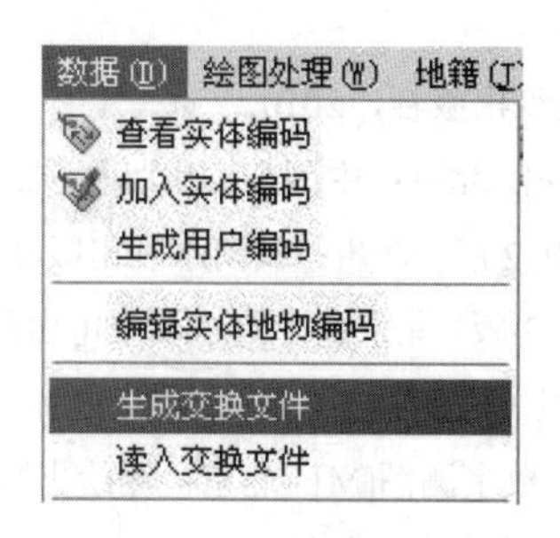

图 6.44 数据处理菜单

屏幕上弹出“输入数据文件名”的对话框，来选择数据文件。

提示：绘图比例尺 1:输入比例尺，回车。

可用“编辑”下的“编辑文本”命令查看生成的交换文件。

2.2 读入交换文件

用鼠标点取“数据”菜单下的“读入交换文件”。

屏幕上弹出“输入 CASS 交换文件名”的对话框，来选择数据文件。如当前图形还没有设定比例尺，系统会提示用户输入比例尺。

系统根据交换文件的坐标设定图形显示范围，这样，交换文件中的所有内容就都可以包含在屏幕显示区中了。

系统逐行读出交换文件的各图层、各实体的各项空间或非空间信息并将其画出来，同时，各实体的属性代码也被加入。

注意：读入交换文件将在当前图形中插入交换文件中的实体，因此，如不想破坏当前图形，应在此之前打开一幅新图。

思 考 题 与 习 题

1. 使用数字化成图软件查询地面点的坐标、高程、两点间的长度、两点间的方位角以及实体面积。

2. 在数字化地形图上用复合线画出要计算土方量的区域，设计出平场标高，用 DTM 法土方量计算之根据坐标文件方法进行土方量计算。

3. 自行在数字化地形图上设计一条断面线，用数字化成图软件绘制出断面图。

参 考 文 献

[1] 张博.数字化测图[M]. 北京：测绘出版社，2010.

[2] 石雪冬，杨波. 水利工程测量[M]. 北京：中国电力出版社，2011.

[3] 纪勇.数字测图技术应用教程[M]. 2 版. 郑州：黄河水利出版社，2012.

[4] 张慕良，等. 水利工程测量[M]. 3 版. 北京：中国水利水电出版社，2002.

[5] 武汉测绘学院《测量学》编写组. 测量学（上册）[M]. 北京：测绘出版社，1979.

[6] 杨晓明，沙从术，郑崇启，等. 数字测图[M]. 北京：测绘出版社，2010.

[7] 卢满堂. 数字测图[M]. 北京：中国电力出版社，2007.

[8] 李玉宝，曹智翔，余代俊，等. 大比例尺数字化测图技术[M]. 2 版. 成都：西南交通大学出版社，2010.

[9] 郭昆林.数字测图[M]. 北京：测绘出版社，2011.

[10] 潘正风，程效军，成枢，等. 数字测图原理与方法[M]. 2 版. 武汉：武汉大学出版社，2009.

[11] 南方数码科技有限公司. 测图精灵 MappingGenius2005 用户手册[Z]. 2005.

[12] 南方数码科技有限公司. CASS9.0 帮助文件[Z]. 2010.